人工智能与计算机教学研究

林祥国　计惠玲　张在职 ◎著

中国商务出版社
CHINA COMMERCE AND TRADE PRESS

图书在版编目（CIP）数据

人工智能与计算机教学研究 / 林祥国，计惠玲，张
在职著. -- 北京 : 中国商务出版社，2022.4
　ISBN 978-7-5103-4205-9

　Ⅰ．①人… Ⅱ．①林… ②计… ③张… Ⅲ．①人工智
能－应用－电子计算机－教学研究 Ⅳ．①TP3-42

中国版本图书馆CIP数据核字(2022)第050509号

人工智能与计算机教学研究
RENGONG ZHINENG YU JISUANJI JIAOXUE YANJIU

林祥国　计惠玲　张在职　著

出　　版：中国商务出版社

地　　址：北京市东城区安外东后巷28号　　邮　编：　100710

责任部门：教育事业部（010-64283818）

责任编辑：刘姝辰

直销客服：010-64283818

总 发 行：中国商务出版社发行部　（010-64208388　64515150 ）

网购零售：中国商务出版社淘宝店　（010-64286917）

网　　址：http://www.cctpress.com

网　　店：https://shop162373850.taobao.com

邮　　箱：347675974@qq.com

印　　刷：北京四海锦诚印刷技术有限公司

开　　本：787毫米×1092毫米　1/16

印　　张：10.75　　　　　　　　　　字　数：222千字

版　　次：2023年7月第1版　　　　　　印　次：2023年7月第1次印刷

书　　号：ISBN 978-7-5103-4205-9

定　　价：60.00元

前　言

人工智能是计算机科学中涉及研究、设计和应用智能机器的一个分支，是计算机科学、控制论、信息论、自动化、仿生学、生物学、语言学、神经生理学、心理学、数学、医学和哲学等多种学科相互渗透而发展起来的综合性的交叉学科和边缘学科。人工智能的基本目标是使机器不仅能模拟，而且可以延伸、扩展人的智能，更进一步的目标是制造出智能机器。

人工智能时代是一个以云计算、大数据、深度学习算法为基础，将 AI 技术向人类生产和生活的各个领域全面推进的时代。人工智能时代的到来，对企业的发展模式、人们的生活方式以及教育的发展都产生了深刻的影响。在新的时代，新技术和新产业蓬勃发展，促使工作模式发生了革命性变革，很多人类的工作都将被智能机器所取代，同时又产生了一些新的工作岗位，大量人员面临重新就业和转业问题。要想成功应对科技革命带来的工作革命，必须依靠教育革命。人工智能技术在计算机教学中的应用，为现代教育的发展提供了新的思路。本书从人工智能的基础认知入手，对计算机教学的现状以及人工智能的运用进行了简要探究，并对人工智能促进计算机教学变革的各方面进行了阐述，是一本适用于计算机教学的专业用书。

本书在写作过程中，直接或间接地参考和引用了许多国内外专家和学者的文献资料，由于数量众多，这些资料未能在本书的参考文献中一一列出，在此一并表示衷心的感谢。由于作者水平有限，加之人工智能发展较快，书中存在的错误、疏漏和不妥之处，恳请读者不吝赐教和批评指正。

目　录

第一章　人工智能的基础认知

第一节　人工智能的概念和发展

一、人工智能的概念

智能指学习、理解并用逻辑方法思考事物，以及应对新的或者困难环境的能力。智能的要素包括：适应环境，适应偶然性事件，能分辨模糊的或矛盾的信息，在孤立的情况中找出相似性，产生新概念和新思想。智能行为包括知觉、推理、学习、交流和在复杂环境中的行为。智能分为自然智能和人工智能。

自然智能指人类和一些动物所具有的智力和行为能力。人类智能是人类所具有的以知识为基础的智力和行为能力，表现为有目的的行为、合理的思维，以及有效地适应环境的综合性能力。智力是获取知识并运用知识求解问题的能力，能力则指完成一项目标或者任务所体现出来的素质。

（一）什么是人工智能

人工智能是相对人的自然智能而言的，从广义上解释就是"人造智能"，指用人工的方法和技术在计算机上实现智能，以模拟、延伸和扩展人类的智能。由于人工智能是在机器上实现的，所以又称机器智能。

人工智能就其本质而言就是研究如何制造出人造的智能机器或智能系统，来模拟人类的智能活动，以延伸人们智能的科学。人工智能包括有规律的智能行为。有规律的智能行为是计算机能解决的，而无规律的智能行为，如洞察力、创造力，计算机目前还不能完全解决。

（二）判定机器智能的方法

I.图灵测试

英国数学家和计算机学家艾伦·图灵（Alan Turing）曾经做过一个很有趣的尝试，借以判定某一特定机器是否具有智能。这一尝试是通过所谓的"问答游戏"进行的。这种游戏要求某些客人悄悄藏到另一间房间里去。然后请留下来的人向这些藏起来的人提问题，并要他们根据得到的回答来判定与他对话的是一位先生还是一位女士。回答必须是间接的，必须有一个中间人把问题写在纸上，或者来回传话，或者通过电传打字机联系。图灵由此想到，同样可以通过与一台据称有智能的机器做回答来测试这台机器是否真有智能。

20世纪50年代图灵提出了著名的图灵测试。方法是分别由人和计算机来同时回答某人提出的各种问题。如果提问者辨别不出回答者是人还是机器，则认为通过了测试，并且说这台机器有智能。图灵自己也认为制造一台能通过图灵测试的计算机并不是一件容易的事。他曾预言，在50年以后，当计算机的存储容量达到109水平时，测试者有可能在连续交谈约5分钟后，以不超过70%的概率做出正确的判断。

"图灵测试"的构成：测试用计算机、被测试的人和主持测试的人。

方法：

第一，测试用计算机和被测试的人分开去回答相同的问题。

第二，把计算机和人的答案告诉主持测试的人。

第三，主持测试的人若不能区别开答案是计算机回答的还是人回答的，就认为被测计算机和人的智力相当。

20世纪90年代，美国塑料便携式迪斯科跳舞毯大亨休·洛伯纳（Hugh Loebner）赞助"图灵测试"，并设立了洛伯纳奖，第一个通过一个无限制图灵测试的程序将获得10万美元。对洛伯纳奖来说，人和机器都要回答裁决者提出的问题。每一台机器都试图让一群评审专家相信自己是真正的人类，扮演人的角色最好的那台机器将被认为是"最有人性的计算机"而赢得这个竞赛，而参加测试胜出的人则赢得"最有人性的人"大奖。在过去的20多年里，人工智能社群都会齐聚以图灵测试为主题的洛伯纳大奖赛，这是该领域最令人期待也最惹人争议的盛事。

图灵测试的本质可以理解为计算机在与人类的博弈中体现出智能，虽然目前还没有机器人能够通过图灵测试，图灵的预言并没有完全实现，但基于国际象棋、围棋和扑克软件进行的人机大战，让人们看到了人工智能的进展。

20世纪90年代，IBM开发的能下国际象棋的"深蓝"计算机在正式比赛中战胜了国际象棋世界冠军卡斯帕罗夫，这是人与计算机之间挑战赛中历史性的一天。"深蓝"是并行计算的电脑系统，是美国IBM公司生产的一台超级国际象棋电脑，重1270千克，有 32 个微处理器，另加上 480 颗特别制造的 VLSI 象棋芯片，每秒钟可以计算 2 亿步。下棋程序以 C 语言写成，运行 AIX 操作系统。"深蓝"输入了 100 多年来优秀棋手的 200 多万场对局，其算法的核心是基于穷举：生成所有可能的走法，然后执行尽可能深的搜索，并不断对局面进行评估，尝试找出最佳走法。"深蓝"的象棋芯片包含三个主要的组件：走棋模块、评估模块以及搜索控制器，各个组件的设计都服务于"优化搜索速度"这一目标。"深蓝"可搜寻及估计随后的 12 步棋，而一名人类象棋好手可估计随后的 10 步棋。"深蓝"是仅在某一领域发挥特长的狭义人工智能的例子，而 AlphaGo 和"冷扑大师"则向通用人工智能迈进了一步。

2016 年 3 月，由谷歌旗下 Deep Mind 公司开发的以"深度学习"作为主要工作原理的围棋人工智能程序阿尔法狗（AlphaGo），与围棋世界冠军、职业九段选手李世石进行人机大战，并以 4 ∶ 1 的总比分获胜。2016 年末 2017 年初，该程序在中国棋类网站上以"大师"为注册账号与中日韩数十位围棋高手进行快棋对决，连续 60 局无一败绩。2017 年 1 月，谷歌 Deep Mind 公司 CEO 哈萨比斯在德国慕尼黑 DLD（数字、生活、设计）创新大会上宣布推出真正 2.0 版本的阿尔法狗。其特点是摒弃了人类棋谱，靠深度学习的方式成长起来挑战围棋的极限。在战胜李世石一年后，2017 年 5 月 23 日—27 日，AlphaGo 在浙江乌镇挑战世界围棋第一人中国选手柯洁九段，以 3 ∶ 0 战胜对手。

相较于国际象棋或是围棋等所谓的"完美信息"游戏，扑克玩家彼此看不到对方的底牌，是一种包含着很多隐性信息的"非完美信息"游戏，也因此成为各式人机对战形式中，人工智能所面对最具挑战性的研究课题。2017 年 1 月，由卡内基梅隆大学托马斯·桑德霍姆（Tuomas Sandholm）教授和博士生诺姆·布朗（Noam Brown）所开发的 Libratus 扑克机器人"冷扑大师"，在美国匹兹堡对战四名人类顶尖职业扑克玩家并大获全胜，成为继 AlphaGo 对战李世石后人工智能领域的又一里程碑级事件。2017 年 4 月 6 日—10 日，由创新工场 CEO 暨创新工场人工智能工程院院长李开复博士发起，邀请 Libratus 扑克机器人主创团队访问中国，在海南进行了一场"冷扑大师 vs 中国龙之队——人工智能和顶尖牌手巅峰表演赛"。"中国龙之队"由中国扑克高手杜悦带领，这也是亚洲首度举办的人工智能与真人对打的扑克赛事，人工智能"冷扑大师"最终以 792:327 总记分牌的战绩完胜并赢得 200 万元奖金。

"冷扑大师"发明人、卡内基梅隆大学托马斯·桑德霍姆教授介绍，"冷扑大师"采取的古典线性计算，主要运用了三种全新算法，包括比赛前采用近于纳什均衡策略的计算、每手牌中运用终结解决方案以及根据对手能被识别和利用的漏洞，持续优化战略打得更为趋近平衡，这个算法模型不限扑克，可以应用在各个真实生活和商业应用领域，应对各种需要解决不完美信息的战略性推理场景。"冷扑大师"相对阿尔法狗的不同在于，前者不需要提前背会大量棋（牌）谱，也不局限于在公开的完美信息场景中进行运算，而是从零开始，基于扑克游戏规则针对游戏中对手劣势进行自我学习，并通过博弈论来衡量和选取最优策略。这也是"冷扑大师"在比赛后程愈战愈勇，让人类玩家难以抵挡的原因之一。

2.中文屋子问题

如果一台计算机通过了图灵测试，那么它是否真正理解了问题呢？美国哲学家约翰·希尔勒（John Rogers Searle）对此提出了否定意见。为此，希尔勒利用一个故事理解程序(该程序可以在"阅读"一个英文写的小故事之后，回答一些与故事有关的问题)，提出了中文屋子问题。

希尔勒首先想的故事不是用英文，而是用中文写的。这一点对计算机程序来说并没有太大的变化，只是将针对英文的处理改变为处理中文即可。希尔勒想象自己在一个屋子里完全按照程序进行操作，因此最终得到的结果是中文的"是"或"否"，并以此作为对中文故事的问题的回答。希尔勒不懂中文，只是完全按程序完成了各种操作，他并没有理解故事中的任何一个词，但给出的答案与一个真正理解这个故事的中国人给出的一样好。由此，希尔勒得出结论：即便计算机给出了正确答案，顺利通过了图灵测试，但计算机也没有理解它所做的一切，因此也就不能体现出任何智能。

（三）图灵测试的应用

人们根据计算机难以通过图灵测试的特点，逆向地使用图灵测试，有效地解决了一些难题。如在网络系统的登录界面上，随机地产生一些变形的英文单词或数字作为验证码，并加上比较复杂的背景，登录时要求正确地输入这些验证码，系统才允许登录。而当前的模式识别技术难以正确识别复杂背景下变形比较严重的英文单词或数字，这点人类却很容易做到，这样系统就能判断登录者是人还是机器，从而有效防止了利用程序对网络系统进行的恶意攻击。

二、人工智能的发展简史

人工智能的研究历史可以追溯到遥远的过去。在我国西周时代，巧匠偃师为周穆王制造歌舞机器人的传说。东汉时期，张衡发明的指南车可以认为是世界上的机器人雏形。公元前 3 世纪和公元前 2 世纪在古希腊也有关于机器卫士和玩偶的记载。1768—1774 年间，瑞士钟表匠制造了三个机器玩偶，分别能够写字、绘画和演奏风琴，它们是由弹簧和凸轮驱动的。这说明在几千年前，古代人就有了人工智能的幻想。

（一）孕育期

人工智能的孕育期一般指 1956 年以前，这一时期为人工智能的产生奠定了理论和计算工具的基础。

1900 年，世纪之交的数学家大会在巴黎召开，数学家大卫·希尔伯特（David Hilbert）庄严地向全世界数学家宣布了 23 个未解决的难题。这 23 个难题道道经典，而其中的第二问题和第十问题则与人工智能密切相关，并最终促成了计算机的发明。因此，有人认为是 20 世纪初期的数学家，用方程推动了整个世界。

被后人称为希尔伯特纲领的希尔伯特的第二问题是数学系统中应同时具备一致性和完备性，希尔伯特的第二问题的思想，即数学真理不存在矛盾，任何真理都可以描述为数学定理。他认为可以运用公理化的方法统一整个数学，并运用严格的数学推理证明数学自身的正确性。希尔伯特第十问题的表述是："是否存在判定任意一个丢番图方程有解的机械化运算过程。"后半句中的"机械化运算过程"就是算法。

捷克数学家库尔特·哥德尔（Kurt Godel）致力于攻克第二问题。他很快发现，希尔伯特第二问题的断言是错的，其根本问题是它的自指性。他通过后来被称为"哥德尔句子"的悖论句，证明了任何足够强大的数学公理系统都存在瑕疵，一致性和完备性不能同时具备，这便是著名的哥德尔定理。1931 年库尔特·哥德尔提出了被美国《时代周刊》评选为 20 世纪最有影响力的数学定理：哥德尔不完备性定理，推动了整个数学的发展。在哥德尔的原始论文中，所有的表述是严格的数学语言。哥德尔句子可以通俗地表述为：本数学命题不可以被证明，句子"我在说谎"也是哥德尔句子。

图灵被希尔伯特的第十问题深深地吸引了。图灵设想出了一个机器——图灵机，它是计算机的理论原型，圆满地刻画出了机械化运算过程的含义，并最终为计算机的发明铺平了道路。

图灵机模型形象地模拟了人类进行计算的过程，图灵机模型一经提出就得到了科学家们的认可。1950 年，图灵发表了题为《计算机能思考吗？》的论文，论证了人工智能的可能性，并提出了著名的"图灵测试"，推动了人工智能的发展。1951 年，他被选为英国皇家学会会员。

对于是否存在真正的人工智能或者说是否能够造出智力水平与人类相当甚至超过人类的智能机器，一直存在争论。一类观点认为：如果把人工智能看作一个机械化运作的数学公理系统，那么根据哥德尔定理，必然存在某种人类可以构造但机器无法求解的问题，因此人工智能不可能超过人类。另一类观点认为：人脑对信息的处理过程不是一个固定程序，随着机器学习。特别是深度学习取得的成功，使得程序能够以不同的方式不断地改变自己，真正的人工智能是可能的。

1956 年夏，由年轻的数学助教约翰·麦卡锡(John McCarthy)和他的三位朋友马文·明斯基（Marvin Minsky）、纳撒尼尔·罗切斯特（Nathaniel Rochester）和克劳德·香农（Claude Shannon）共同发起，邀请艾伦·纽尔（Allen Newell）和赫伯特·西蒙（Herbert Simon）等科学家在美国的达特茅斯学院大学组织了一个夏季学术讨论班，历时两个月。参加会议的都是在数学、神经生理学、心理学和计算机科学等领域中从事教学和研究工作的学者，在会上第一次正式使用了人工智能这一术语，从而开创了人工智能这个研究学科。

（二）AI 的基础技术的研究和形成时期

AI 的基础技术的研究和形成时期是指 1956—1970 年期间。1956 年纽厄尔和西蒙等首先合作研制成功"逻辑理论机"。该系统是第一个处理符号而不是处理数字的计算机程序，是机器证明数学定理的最早尝试。

1956 年，另一项重大的开创性工作是塞缪尔（Arthur Samuel）研制成功"跳棋程序"。该程序具有自改善、自适应、积累经验和学习等能力，这是模拟人类学习和智能的一次突破该程序于 1959 年击败了它的设计者，1963 年又击败了美国的一个州的跳棋冠军。

1960 年，纽厄尔和西蒙又研制成功"通用问题求解程序（General Problem Solving，GPS）系统"，用来解决不定积分、三角函数、代数方程等十几种性质不同的问题。

1960 年，麦卡锡（John McCarthy）提出并研制成功"表处理语言 LISP"，它不仅能处理数据，而且可以更方便地处理符号，适用于符号微积分计算、数学定理证明、数理逻辑中的命题演算、博弈、图像识别以及人工智能研究的其他领域，从而武装了一代人工智能科学家，是人工智能程序设计语言的里程碑，至今仍然是研究人工智能的良好工具。

1965 年，被誉为"专家系统和知识工程之父"的费根鲍姆（Feigenbaum）和他的团队开始研究专家系统，并于 1968 年研究成功第一个专家系统 DENDRAL，用于质谱仪分析有机化合物的分子结构，为人工智能的应用研究做出了开创性贡献。

1969 年召开了第一届国际人工智能联合会议（International Joint Conference on AI，IJCAI），1970 年《人工智能国际杂志》创刊，标志着人工智能作为一门独立学科登上了国际学术舞台，并对促进人工智能的研究和发展起到了积极作用。

（三）AI 发展和实用阶段

AI 发展和实用阶段是指 1971—1980 年期间。在这一阶段，多个专家系统被开发并投入使用，有化学、数学、医疗、地质等方面的专家系统。

1975 年美国斯坦福大学开发了 MYCIN 系统，用于诊断细菌感染和推荐抗生素使用方案。MYCIN 系统是一种使用了人工智能的早期模拟决策系统，由研究人员耗时 5—6 年开发而成，是后来专家系统研究的基础。

1976 年，凯尼斯·阿佩尔（Kenneth Appel）和沃夫冈·哈肯（Wolfgang Haken）等人利用人工和计算机混合的方式证明了一个著名的数学猜想：四色猜想（现在称为四色定理）。即对于任意的地图，最少仅用四种颜色就可以使该地图着色，并使得任意两个相邻国家的颜色不会重复。然而证明起来却异常烦琐。配合着计算机超强的穷举和计算能力，阿佩尔等人证明了这个猜想。

1977 年，第五届国际人工智能联合会上，费根鲍姆教授在一篇题为《人工智能的艺术：知识工程课题及实例研究》的特约文章中系统地阐述了专家系统的思想，并提出了"知识工程"的概念。

（四）知识工程与机器学习发展阶段

知识工程与机器学习发展阶段指 20 世纪 80—90 年代初这段时间。知识工程的提出，专家系统的初步成功，确定了知识在人工智能中的重要地位。知识工程不仅对专家系统发展影响很大，而且对信息处理的所有领域都将有很大的影响，知识工程的方法很快渗透到人工智能的各个领域，促进了人工智能从实验室研究走向实际应用。

学习是系统在不断重复的工作中对本身的增强或者改进，使得系统在下一次执行同样任务或类似任务时，比现在做得更好或效率更高。

从 20 世纪 80 年代后期开始，机器学习的研究发展到了一个新阶段。在这个阶段，联结学习取得很大成功；符号学习已有很多算法不断成熟，新方法不断出现，应用扩大，成绩斐然；有些神经网络模型能在计算机硬件上实现，使神经网络有了很大发展。

（五）智能综合集成阶段

智能综合集成阶段指 20 世纪 90 年代至今，这个阶段主要研究模拟智能。

第五代电子计算机被称为智能电子计算机。它是一种有知识、会学习、能推理的计算机，具有理解自然语言、声音、文字和图像的能力，并且具有说话的能力，使人机能够用自然语言直接对话。它可以利用已有的和不断学习到的知识，进行思维、联想、推理，并得出结论，能解决复杂问题，具有汇集、记忆、检索有关知识的能力。智能计算机突破了传统的冯·诺伊曼式机器的概念，舍弃了二进制结构，把许多处理机并联起来，并行处理信息，速度大大提高。它的智能化人机接口使人们不必编写程序，人们只要发出命令或提出要求，计算机就会完成推理和判断，并且给出解释。1988 年，第五代计算机国际会议召开。1991 年，美国加州理工学院推出了一种大容量并行处理系统，528 台处理器并行工作，其运算速度可达到每秒 320 亿次浮点运算。

第六代电子计算机将被认为是模仿人的大脑判断能力和适应能力，并具有可并行处理多种数据功能的神经网络计算机。与以逻辑处理为主的第五代计算机不同，它本身可以判断对象的性质与状态，并能采取相应的行动，而且它可同时并行处理实时变化的大量数据，并引出结论。以往的信息处理系统只能处理条理清晰、经络分明的数据，而人的大脑却具有能处理支离破碎、含糊不清的信息的灵活性，第六代电子计算机将具有类似人脑的智慧和灵活性。

20 世纪 90 年代后期，互联网技术的发展给人工智能的研究带来了新的机遇，人们从单个智能主题研究转向基于网络环境的分布式人工智能研究。1996 年"深蓝"战胜了国际象棋世界冠军卡斯帕罗夫成为人工智能发展的标志性事件。

21 世纪初至今，深度学习带来人工智能的春天，随着深度学习技术的成熟，人工智能正逐步从尖端技术慢慢普及。大众对人工智能最深刻的认识就是 2016 年 AlphaGo 和李世石的对弈。2017 年 5 月 27 日，AlphaGo 与柯洁的世纪大战，再次以人类的惨败告终。人工智能的存在，能够让 AlphaGo 的围棋水平在学习中不断上升。

第二节　人工智能的研究学派与研究目标

一、人工智能的研究学派

（一）符号主义

符号主义又称逻辑主义、心理学派或计算机派，其理论主要包括物理符号系统（符号操作系统）假设和有限合理性原理。

符号主义认为可以从模拟人脑功能的角度来实现人工智能，代表人物是纽厄尔、西蒙等。认为人的认知基元是符号，而且认知过程就是符号操作过程，智能行为是符号操作的结果。该学派认为人是一个物理符号系统，计算机也是一个物理符号系统，因此，存在可能用计算机来模拟人的智能行为，即用计算机通过符号来模拟人的认知过程。

（二）联结主义

联结主义又称为仿生学派或生理学派，其理论主要包括神经网络及神经网络间的连接机制和学习算法。

联结主义主要进行结构模拟，认为人的思维基元是神经元，而不是符号处理过程，认为大脑是智能活动的物质基础，要揭示人类的智能奥秘，就必须弄清大脑的结构，弄清大脑信息处理过程的机理。并提出了联结主义的大脑工作模式，用于取代符号操作的电脑工作模式。

（三）行为主义

行为主义又称进化主义或控制论学派，其理论主要包括控制论及感知再到动作控制系统。

行为主义主要进行行为模拟，认为智能行为只能在现实世界中与周围环境交互作用而表现出来，因此用符号主义和联结主义来模拟智能显得有些与事实不相吻合，这种方法通过模拟人在控制过程中的智能活动和行为特性，如自寻优、自适应、自学习、自组织等，来研究和实现人工智能。

二、人工智能的研究目标

人工智能的研究目标可分为近期目标和远期目标。

人工智能的近期目标是研究依赖于现有计算机去模拟人类某些智力行为的基本原理、基本技术和基本方法。即先部分或某种程度地实现机器的智能，从而使现有的计算机更灵活、更好用和更有用，成为人类的智能化信息处理工具。

人工智能的远期目标是研究如何利用自动机去模拟人的某些思维过程和智能行为，最终造出智能机器。具体来讲，就是要使计算机具有看、听、说、写等感知和交互功能，具有联想、推理、理解、学习等高级思维能力，还要有分析问题、解决问题和发明创造的能力。简言之，也就是使计算机像人一样具有自动发现规律和利用规律的能力，或者说具有自动获取知识和利用知识的能力，从而扩展和延伸人的智能。

第三节　人工智能的研究领域

人工智能的主要目的是用计算机来模拟人的智能。人工智能的研究领域包括模式识别、问题求解、机器视觉、自然语言理解、自动定理证明、自动程序设计、博弈、专家系统、机器学习、机器人等。

当前人工智能的研究已取得了一些成果，如自动翻译、战术研究、密码分析、医疗诊断等，但距真正的智能还有很长的路要走。

一、模式识别

模式识别是 AI 最早研究的领域之一，主要是指用计算机对物体、图像、语音、字符等信息模式进行自动识别的科学。

"模式"的原意是提供模仿用的完美无缺的标本，"模式识别"就是用计算机来模拟人的各种识别能力，识别出给定的事物与哪一个标本相同或者相似。

模式识别的基本过程包括：对待识别事物进行样本采集、信息的数字化、数据特征的提取、特征空间的压缩以及提供识别的准则等，最后给出识别的结果。在识别过程中需要学习过程的参与，这个学习的基本过程是先将已知的模式样本进行数值化，送入计算机，然后将这些数据进行分析，去掉对分类无效的或可能引起混淆的那些特征数据，尽量保留对分类判别有效的数值特征，经过一定的技术处理，制定出错误率最小的判别准则。

当前模式识别主要集中于图形识别和语音识别。图形识别主要是研究各种图形（如文字、符号、图形、图像和照片等）的分类。例如识别各种印刷体和某些手写体文字，识别指纹、白细胞和癌细胞等。这方面的技术已经进入实用阶段。

语音识别主要研究各种语音信号的分类。语音识别技术近年来发展很快，现已有商品化产品（如汉字语音录入系统）上市。

二、自动定理证明

自动定理证明是指利用计算机证明非数值性的结果，即确定它们的真假值。

在数学领域中对臆测的定理寻求一个证明，一直被认为是一项需要智能才能完成的任务。定理证明时，不仅需要有根据假设进行演绎的能力，而且需要有某种直觉和技巧。

早期研究数值系统的机器是 20 世纪 20 年代由美国加州大学伯克利分校制造的。这架机器由锯木架、自行车链条和其他材料构成，是一台专用的计算机。它可用来快速解决某些数论问题，素性检验，即分辨一个数是素数还是合数，是这些数论问题中最重要的问题之一。一个问题的数值解所应满足的条件可通过在自行车链条的链节内插入螺栓来指定。

三、机器视觉

机器感知就是计算机直接"感觉"周围世界。具体来讲，就是计算机像人一样通过"感觉器官"直接从外界获取信息，如通过视觉器官获取图形、图像信息，通过听觉器官获取声音信息。

机器视觉研究为完成在复杂的环境中运动和在复杂的场景中识别物体需要哪些视觉信息以及如何从图像中获取这些信息。

四、专家系统

专家系统是一个能在某特定领域内，以人类专家水平去解决该领域中困难问题的计算机应用系统。其特点是拥有大量的专家知识（包括领域知识和经验知识），能模拟专家的思维方式，面对领域中复杂的实际问题，能做出专家水平的决策，像专家一样解决实际问题。这种系统主要用软件实现，能根据形式的和先验的知识推导出结论，并具有综合整理、保存、再现与传播专家知识和经验的功能。

专家系统是人工智能的重要应用领域，诞生于 20 世纪 60 年代中期，经过 20 世纪 70 年代和 80 年代的较快发展，现在已广泛应用于医疗诊断、地质探矿、资源配置、金融服务和军事指挥等领域。

五、机器人

机器人是一种可编程序的多功能的操作装置。机器人能认识工作环境、工作对象及其状态，能根据人的指令和"自身"认识外界的结果来独立地决定工作方法，实现任务目标，并能适应工作环境的变化。

随着工业自动化和计算机技术的发展，到 20 世纪 60 年代机器人开始进入批量生产和实际应用的阶段。后来由于自动装配、海洋开发、空间探索等实际问题的需要，对机器的智能水平提出了更高的要求。特别是危险环境以及人们难以胜任的场合更迫切需要机器人，从而推动了智能机器的研究。在科学研究上，机器人为人工智能提供了一个综合实验场所，它可以全面地检查人工智能各个领域的技术，并探索这些技术之间的关系。可以说机器人是人工智能技术的全面体现和综合运用。

六、自然语言处理

自然语言处理又称为自然语言理解，就是计算机理解人类的自然语言，如汉语、英语等，并包括口头语言和文字语言两种形式。它采用人工智能的理论和技术将设定的自然语言机理用计算机程序表达出来，构造能理解自然语言的系统，通常分为书面语的理解、口语的理解、手写文字的识别三种情况。

自然语言理解的标志为：

第一，计算机能成功地回答输入语料中的有关问题。

第二，在接收一批语料后，有对此给出摘要的能力。

第三，计算机能用不同的词语复述所输入的语料。

第四，有把一种语言转换成另一种语言的能力，即机器翻译功能。

七、人工神经网络

人工神经网络就是由简单单元组成的广泛并行互联的网络。其原理是根据人脑的生理结构和工作机理，实现计算机的智能。

人工神经网络是最近人工智能中发展较快、十分热门的交叉学科。它采用物理上可实现的器件或现有的计算机来模拟生物神经网络的某些结构与功能，并反过来用于工程或其他领域。人工神经网络的着眼点不是用物理器件去完整地复制生物体的神经细胞网络，而是抽取其主要结构特点，建立简单可行且能实现人们所期望功能的模型。人工神经网络由很多处理单元有机地连接起来，进行并行的工作。人工神经网络的最大特点是具有学习功能。通常的应用是先用已知数据训练人工神经网络，然后用训练好的网络完成操作

人工神经网络也许永远无法代替人脑，但它能帮助人类扩展对外部世界的认识和智能控制。人的大脑神经系统十分复杂，可实现的学习、推理功能是人造计算机所不可比拟的。但是，人的大脑在记忆大量数据和高速、复杂的运算方面却远远比不上计算机。以模仿大脑为宗旨的人工神经网络模型，配以高速电子计算机，把人和机器的优势结合起来，将有着非常广泛的应用前景。

八、问题求解

问题求解是指通过搜索的方法寻找问题求解操作的一个合适序列，以满足问题的要求。

这里的问题，主要指那些没有算法解，或虽有算法解但在现有机器上无法实施或无法完成的困难问题，例如路径规划、运输调度、电力调度、地质分析、测量数据解释、天气预报、市场预测、股市分析、疾病诊断、故障诊断、军事指挥、机器人行动规划、机器博弈等。

九、机器学习

机器学习就是机器自己获取知识。如果一个系统能够通过执行某种过程而改变它的性能，那么这个系统就具有学习的能力。机器学习是研究怎样使用计算机模拟或实现人类学习活动的一门科学。具体来讲，机器学习主要有下列三层意思：

第一，对人类已有知识的获取（这类似于人类的书本知识学习）。

第二，对客观规律的发现（这类似于人类的科学发现）。

第三，对自身行为的修正（这类似于人类的技能训练和对环境的适应）。

十、基于 Agent 的人工智能

这是一种基于感知行为模型的研究途径和方法，我们称其为行为模拟法。这种方法通过模拟人在控制过程中的智能活动和行为特性，如自寻优、自适应、自学习、自组织等，来研究和实现人工智能。

第二章　人工智能背景下的教育要素与活动

第一节　人工智能背景下的教育教学领域

人工智能已经成为现代计算机应用的一个十分重要的部分，应用于社会各个领域，成为各领域热捧的新兴研究方向。在建设"教育强国"的今天，人工智能自然也作为一种现代化的教学手段，逐渐应用于教育教学领域。这种依托人工智能而形成的现代化教育教学手段，不仅可以为学生营造新的学习环境、激发学生的学习热情与兴趣，而且对于提高教师的教学水平、开阔学生学习视野有着不可忽视的作用与价值。当前，人工智能已被逐渐应用于教育教学的相关领域，对教育教学的改革与发展起着极大的推动作用。

一、特殊教育

在传统智力观下，智障学生的学习能力被低估，他们接受高中阶段的教育几无可能。人工智能的发展，促使人们对智能重新认识。多元智力理论的提出，使得传统观念所认为的智障学生难以应对现有的学习环境这一观念有了新的变革，聚焦智障学生的其他学习特长，使得他们同样具有学习发展的可能。

人工智能的发展与普及成为支撑多元智力理论发展的有力"武器"。电子计算机的发明使人们认识到，传统意义上的数学等智力并不是人类智力学习的全部，动作技能和情感技能等同样是人类智能发展的重要代表。人工智能的发展使得数学、逻辑等基本智能有了被替代的可能，这些工作岗位的基础工作由于人工智能的出现变得更加简单轻松，而其他智能由于其自身的独特性和不可替代性成为未来人类发展的重要方向。可以预见，在未来，"数理化"将不再是衡量一个人智能高低的重要标准，由"智商"所代表的数理、逻辑能力将因人工智能的进一步发展而逐渐产生变化，以其为标准的智商与智障的划分依据也受到挑战。不少所谓的智障人士的成功，也给人工智能在特殊教育领域的发展增添了极大的研究信心。

人工智能之所以能受到人们的热烈追捧，其很大原因在于人工智能不仅改变了人类现有的生存方式，而且对于人类新视野和新观念的变革也产生了巨大的推动作用。人工智能与现代社会的其他技术紧密结合，不仅对于人类五官、四肢的发展有着极大的推动作用，而且对于提高大脑能动性有着更为深远的意义。智障学生的身体和智能缺陷将通过先进技术得到相应的补偿。新智能观还为更加客观地评价智障学生的智能提供了可能。不少教育家应势提出的关于特殊儿童的融合教育则为智障学生接受高中阶段的教育创造了机会，使智障学生同样能够通过学习改变命运，获得精彩人生，当前此类融合教育已经逐渐投入实践中，且初见成果。未来，在人工智能的推动下，特殊教育的教育教学必然朝着更贴近学生、更贴近生活和更贴近人性的方向发展，努力为智障学生提供更为人性化、更为无障碍的学习环境，从而给他们带来可持续发展。

二、职业培训

人工智能与职业培训相结合已经成为未来职业培训发展的新趋势。为了更好地适应这种趋势，美国皮尤研究中心发布了《工作和职业培训的未来》的研究报告。该报告揭示，人工智能时代的工作领域将呈现三大趋势：一是工作被机器替代；二是工作岗位供给不足；三是"云劳动"的出现。该报告详细分析了人工智能时代劳动力市场发展的趋势，并提出了职业培训的应有之义。其具体含义为：为了应对工作领域的重大变化，人工智能时代的职业培训会发生相应的调整：职业培训对象将产生转型、适应和应变的学习需求；职业培训内容应服务于不同的学习需求，获得充足的"软"技能；职业培训方法需要结合传统形式与现代技术，广泛应用电子指导、数字化学徒制等形式，建立数字化的职业培训模式；职业培训应构建数字化认证系统，为企业和劳动力搭建职业匹配的认证"媒介"；职业培训政策须持续完善，实现职业培训与人工智能相适应。人工智能作为一种职业培训的手段，正逐渐取代实体培训，成为职业培训的首要选择。人工智能不仅为学习者提供个性化的培训服务，而且能满足各类学习者的学习需求，在人机的相互配合下，工作效率因而大大提升。

但我们也要注意到，从全球各国发展趋势看，相关国家、组织在制定人工智能政策过程中，基本上都涉及教育与培训的问题。他们都意识到，制定与人工智能相适应的教育与职业培训政策，能够为人类适应劳动力市场变革做好前期准备。因而政策的制定是否符合社会发展的实际需求就成为人工智能应用职业培训领域一个不可忽视的内容。首先，政策应强调人工智能对于当前职业培训的实际意义。面对当前和未来的劳动力市场，劳动者唯有接受有效的教育和职业培训，才能获得人工智能时代所需的就业能力。其次，政策应保证相关部门的财政支持，为此类培训的实现提供资金支持。明确职业培训职责和参与主体，鼓励政府、企业、第三方等利益相关者积极参与，可以保证培训资源的供给，推动教育、培训和劳动力之间的无缝对接。最后，完善职业培训评估的相关质量标准，提高培训者的学习意识。对职业培训评估与质量标准体系的使用和推广，不仅能够增强劳动力的流动性，还有助于提高职业培训提供者和参与者的社会地位，从而增加职业培训对人们的吸引力，使培训者以积极的心态和新型的方式去加强知识学习。相关部门要依靠人工智能技术去实现数字认证，提高培训质量标准，完善培训评估体系。

三、科学教育

人工智能的发展带来了科学教育的大变革，科学教育教学的目标在于培养更高层次的现代化人才。我们要清醒地认识到人工智能时代所面临的机遇和挑战，人们需要不断地学习新技能和新知识，在被人工智能淘汰之前找到新的出路。因此，我们必须强调要立足原始创新，加大对高端领域的研发力度，不断拓展和开辟出新的市场空间，在融合发展中抢得先机、赢得主动。

在人工智能的推动下，科学教育在人才培养中应强调兴趣对于学习的重要性，要求根据兴趣选择更广阔的专业课和实现更严格的专业训练。按照重基础、宽口径的培养模式，在课程设置上，加强学生的基础专业知识的培养，包括公共基础课和专业基础课，学科基础课和选修课中注重专业基础和专业能力的培养，以夯实学生专业基础，提升实践应用能力、创新能力为目的，构建知识、素质、能力三位一体的培养模式。保持专业主干课程稳定，并根据人工智能发展动态及市场需求变化适时调整辅助课程的教学体系改革方案，逐渐形成主体相应课程。在教学方式上，实施以学生为中心和主体的多元混合的教学方式，包括多媒体教学、自主选题讨论等内容，人工智能的广泛应用更加强调教学过程的实践作用。在教学内容上则体现学科间的融合与互动，针对不同程度学生安排难易程度适中的内容和提出不同的要求。设立与专业、课程密切相关的实验和课程实习，合理安排实践教学环节，特别加强专业综合训练，形成重在能力培养的实践教学体系。可以预见，人工智能必将推动科学领域的蓬勃发展，也将对科学教育产生深刻的影响和变革，这次变革不仅会使社会对人才在科学教育方面的需求有所改变，而且会给高等教育打造更为科学化的人才培养带来前所未有的机遇，使科学教育融入人类的社会生活中，更为直观、更为迅速地参与到社会实践中去。

四、数学教育

人工智能技术是在大数据时代的背景下应运而生的。在数字化时代，人工智能已应用于各个领域，这之中不乏教育领域中的教学应用。当下，数学教育与人工智能的结合，对数学教育的发展起着极为重要的推动作用。在监督教学、VR 提高教学效率、"一对一"辅导、"智能助教"等方面，人工智能技术的具体应用，为数学教育教学提供了十分重要的参考。

显然，人工智能在大数据的环境下给传统的数学教育注入了新的活力，个性化的教学、更精准的数据分析，使得数学教育更加符合学习者的学习特征、习惯和风格，更加便于接受与学习。人工智能技术发展为提供个性化、精准化和人性化的数学教育提供了可能。下面从"识别技术""虚拟技术"'一对一'辅导""智能助教"等方面进行信息阐述。首先，识别技术的作用主要在于监督数学教育教学，不仅可以应用于监考等活动中，而且对于实时监测学生的学习情况，根据每个学生的实际情况设计相应的数据档案，通过数据分析为每个学生打造适合自己的数学学习计划。其次，虚拟技术的应用成为数学教育教学中一大新的实践突破。虚拟现实技术，是指利用计算机创造的模拟环境，是一种交互式仿真的三维动态情境，能够使用户"如临其境"，沉浸到该环境中。数学的学习往往抽象枯燥，不易于直观理解，而采用虚拟技术让虚拟现实的学习环境更具沉浸感，将学习变得和做游戏一样简单，增强学生的现实体悟感，提高数学学习趣味，提升数学学习效果。再次，人工智能加速了自适应学习软件的应用，使学生的个性化学习成为现实。自适应学习系统可能包含"能力测量""能力训练"以及"能力追踪"等方面，学生通过使用人工智能软件观看在线课程，掌握必要的知识点并加以联系，为学生的每一步学习提供及时的学习反馈，并针对学生对数学知识的掌握情况，给出更具体、更细致和更个性化的学习内容，从而实现模拟"一对一"辅导，借此，更好地跟踪、适应每个学习者的学习特征，节约学习者的时间，提高学习效率。最后，在数学教育教学的实践中，教师的素质与耐心亦至关重要。教师的能力直接影响了学生的学习水平，在人工智能的帮助下，教师可以通过平板电脑和一些专业的 App 软件，对学生的作业进行更为细致的批改和做出更为清晰的试卷分析，让智能软件做一个"智能助教"，而学生的作业也可以通过自己的电子设备提交给教师，由软件对学生作业进行批改、评价，实现课后教学反馈。这样不仅将大大减轻教师的工作量，使教师有更多的精力和时间研究教学内容和教学方法，而且能够帮助教师及时进行知识更新，在知识爆炸的时代更好地帮助学生在数学学习中谋求进步。

五、工程教育

随着人工智能时代的到来，我国创新驱动发展战略的实施以及高等教育深化改革以及"双一流"建设的快速推进，建设工程教育强国、培养创新创业型卓越工程技术人才，成为当前我国高等教育机构新的使命和价值追求。当前，我国工程教育的首要发展重点就在于创新，这就要求在高校的工程教育中更新传统的教育理念与手段，努力将人工智能应用于工程人才的教育中，迎接经济新常态所带来的挑战，培养具有创新创业精神、态度、技能和知识的新工科人才。在此背景下，我国应势提出了"新工科"建设战略，其首要目的在于为我国在日趋激烈的全球竞争环境下获得竞争优势，尝试紧跟时代潮流，把发展人工智能教育与工科人才培养结合起来。目前，我国各高校在各项国家政策的支持下，开始实施"人工智能背景下新工科"建设，并把创新创业教育融入"人工智能背景下新工科"教育，力图培养符合"中国制造 2025"和创新驱动发展战略需求的工程技术人才，这已成为当下我国高等教育机构建设与发展的重要目标。

长期以来，创造力、冒险精神、变革意识、领导力、沟通能力和批判性思维能力等是学生在竞争日趋激烈的全球化背景下谋求生存、获取自身发展的竞争优势的必备因素。然而，当前的工程教育中的创新创业思维、态度、技能和知识等相关的内容，尚未充分体现在高等教育机构的课程设置和教学活动中。因此，政府、企业和高等教育机构必须加大资源投入，发展个体的人工智能技能，努力构建人工智能增强型的社会体系。人工智能作为研究新手段融入工程教育中，对于我国未来的创新创业发展有着深刻的含义。我们可以把"人工智能背景下工程教育"的本质和内涵理解为：工程教育在人工智能时代对于当前社会所需的新科技革命。新产业革命和新经济模式的更新，是一种理想的战略与选择，其目的在于培养学生的创新创业思维、态度、技能和知识，打造新型工程技术人才（如成功的创业者、实践性强的高级工程人才），以支撑我国创新驱动的发展战略，为我国经济发展注入新动能。因此，高等教育机构应发展人工智能一级学科，并把人工智能教育更加全面、深入地融入工程教育建设行动中，创新学科和专业建设理念与实践，以创新创业为发展目标，培养人工智能时代的新型工程教育教师，全方位地发挥工程教育对全社会的创新价值。

六、信息技术教育

自 20 世纪 70 年代，信息技术教育逐渐以一种新兴课程出现在基础教育课程中，并力图寻找适合自身发展的课程体系，提高中小学信息技术素质教育成为其教育发展的核心目标。受客观实际的限制，中小学教师和学生都很难对信息处理对象产生深层次的认知，在缺少反思"信息"所表征客观事物的准确性、可靠性、真实性和完备性的情况下，教学只能更多地关注于信息处理工具，学习过程变成了"拥有""学习"和"应用"信息技术工具，新颖和独到的作品成了标榜个体信息素养和能力水平的证据。中小学信息技术教育逐渐呈现出一种"重视工具、忽视目的"的信息素养教育，其弊病可见一斑。

由于信息素养发展受限，很多国家也开始着重思考信息技术教育教学的新突破。一般来说，智能是指人类大脑的高级活动，包括自动获取与应用知识、思维与推理、问题求解与自动学习等方面的能力。虽然当下各国对计算机思维的探讨与实践还不够充足，研究成果也尚未产生重大的社会影响，但在人工智能研究中我们可以看到，每当有了新的突破，都会引起轰动，很多媒体开始宣称：一个全新的人工智能时代到来了。人们开始惊叹新一代人工智能。机器人、语言识别、图像识别、自然语言处理和专家系统等人工智能的典型应用，成为关注的焦点。人工智能在社会各个领域都占据着十分重要的地位，各政府部门开始认真探讨如何应对人工智能时代的到来，教育领域也开始定位人工智能时代的教育，一个重视促进个体智能发展的新教育即将来临。

在人工智能的支持下，信息技术教育在未来必将朝着更具操作性与实践性的方向发展。因而，基础教育领域的信息技术课程应尽可能将当前的信息化生活状态及应用情境作为培养学生技术实践的重要内容，让学生在学习过程中更注重知识习得，并与社会实践建立紧密联系，让学生参与丰富多彩的信息技术生活，接受锻炼，从而获得更为深刻的现实体验与感悟。在人工智能的协助下，慕课等线上课程的扩大化，对于开阔学生在信息技术学习中的视野、提高学习热情、增强此类学习兴趣等都有着重大的推动作用。因此，学生的信息技术所受到的种种限制会逐渐突破，最终适应大数据时代，最终成为高素养的信息化技术公民。

第二节　人工智能背景下的教育要素

人工智能给社会带来全面的影响，社会的各个领域都逐渐将人工智能融入自身的领域系统内，教育也不例外。人工智能时代的来临，给学校教育注入了新的活力，影响着教育要素的发展与变革。下面将从教育内容、教育目的、教师、学生四个层面具体分析人工智能给教育发展带来的影响以及其对教育变革的实际价值与现实意义。

一、人工智能影响下的教育内容

就教育的内容而言，当前人类正处于一个知识爆炸的时代，知识更新的速度远远超过人类学习的脚步，也就是说，如果我们以当前的社会需求去教授学生知识，那么很有可能当学生步入社会之后，其在学校所学习的内容将会被淘汰。知识的更新加速，使其不再以固定的姿态出现在人类生活中，这就要求学校的教学不应该仅仅关注知识本身，还要关注人类知识的长久更新，能够紧跟时代步伐。"什么知识最有价值"的问题就成了新时期教育发展所不可避免要关注、探讨和解答的问题。就目前来说，人工智能无疑成为这一问题最有力的解决方式。因此，教育的内容就需要在人工智能的协助下，为学生提供那些经过筛选、加工和创造的具有普世价值和学科发展价值并能推动学生长远发展的知识。

在人工智能时代，教学内容突破了传统的课程和教材，云课程、数字教材、虚拟课堂和同步互动课堂等也不再是传统意义上的教学资源，而已经成为教学内容的一个非常重要的组成部分。尤其是计算机相关专业，人工智能已经成为重要的课程内容。因而，课程和教材就应该依据教学目标，从而回归基础要求，在剔除陈旧的经验性的知识和凌乱的碎片性知识的同时，着重阐明学科的基本概念、基本结构和基本方法，从而构建全面深入的知识体系。除此之外，适应未来不断变化和时刻面对不确定性的学习型、创造型人才是未来社会最需要的人才。因此，在日常教学活动中更要注重方法论的学习，教会学生如何学习，达到"授人以鱼，不如授人以渔"的教育目标。力图打破传统的统一教材，以教会学生学会自己学习、自我创造为发展要求。总而言之，要根据学生的天赋、潜能、个性和兴趣来设计个性化的教学内容，未来的教学内容势必会向着去标准化、个性化和定制化的方向发展。

在人工智能影响下，随着各学科之间交流日益频繁，教育内容逐渐走向了跨学科化。其根本目的在于帮助学生以跨学科的意识进行学习，最终通过学科间的融合学习来解决现实生活中的实际问题，最终培养出能适应时代发展的创新型实践人才。在这样的时代中，知识与信息处于急剧增长的发展态势，更新速度十分迅速且很容易过时，如果教学的内容还局限于以掌握尽可能多的学科事实为目的，不仅不可能实现教育的目的，而且对于学生学习和发展也毫无裨益。现存的分科教学的方式将人类知识分为相互割裂与独立的碎片，这样碎片化的知识虽然有利于学生的记忆与储存，但却阻碍了学生主动探索和了解事实背后真相的兴趣，这很不利于知识的活学活用。同时，我们要注意到，即使对学科进行了分科，但按照现在的分科科学来讲，其教育内容涉及很多领域的知识。例如，同样看到一栋大楼，不同专业的人的认识和看法不同。这样的事实既可能是一个物理现象，又可能同时是一个数学问题，还可能是一个社会问题。因此，学生的探究活动就应该是整合的，所接受的教育内容也应该向跨学科的方向发展。未来，无论是科学家，还是教育家、企业家或政府官员，要成为社会和人类需要的人才与领袖，就需要掌握跨界的智慧。所有领域未来都是跨学科和联合发展的，全部是可以互通互学的，然而这互通互学的语言就是人工智能。因此，人工智能的教育内容就要求向着整合的方向发展，同时通过人工智能所创造的智慧环境、智能工具使跨学科融合学习的活动变得更加便捷快速。但我们在此过程中也要考虑到，跨学科的教育内容并非多个学科的简单叠加，而是要将一个主题活动融合成一个整体，让学生在探究活动中得到知识的升华。跨学科教育内容的本质是一种思维和意识，将学科与其他学科和生活连接起来，从而构建一种相互促进、相互沟通的新结构帮助学生充分理解学科逻辑，在不同学科之间建立互助联系，最终在跨学科意识的推动下提高学生的创新能力。

师生共同创生的教育是人工智能发展下教育内容的一大重要变革。教学内容的创生取向和人工智能时代的特点要求在教学过程中要尽可能摆脱既定知识的限定，将教学变为一个共同创造的过程。新时代信息的高速流动、高频词的互动性使得教育知识的传播的平衡得到了新的突破，原先的教师教学生学的传统被打破，相对削弱了教育者的权威。教师作为知识的传授者的角色便显得越来越狭隘和不合时宜，取而代之的将是教师作为学生学习的组织者、引导者和合作者的角色。人工智能时代，不论教师或学生，每个人都应该成为知识的创造者和分享者。未来，师生、生生在共同合作、互助的探索中生成的问题将成为学校教育内容的重点。新时期的教育内容和教学内容的变革首先应该体现创生性，即需要不同于统一标准化教学的实践性与地方性，让教育的内容接地气，接近真实的学习。教育内容对教师和学生来说是一种实践的过程，强调在学习过程中的实践体验，在这种行为的实践过程中实现知识的创造。传统的教学模式下，教师是实现教学目标的工具，作为知识和态度传输、授受的工具；而学生也只是这些教育内容的被动接受者。人工智能的引入，使得教师和学生都成为课程的实践者，成为自身课程的创造者和建构者。教师和学生自身的经验、创意和探索得以通过新技术而放大，变为共同创造的课程的一部分，使教师和学生每个个体的自身参与课程的过程和经历本身成为课程。大数据的引入，能够改变师生生成意义的方式和师生创生文化的方式，使得教师和学生可以有效地认识与评价、关联与组合，甚至是发现与创生新知识。诸如此类的改变也终将使每个学生都成为自己学习的主体，使每个学生经历、实践着自己的课程，又共创、共享着学习过程。

二、人工智能影响下的教育目标

当前，相较于其他学科，在基础教育中开设人工智能课程，对地区的经济发展水平、学校的硬件设备、学生的起始知识与能力的要求更高。对于西部部分欠发达地区来说，开设人工智能课程的条件可能尚不完善；但即使是在发达地区，想要开展高质量的人工智能教育也需要克服许多困难，因为如果学生刚刚开始接触人工智能，那在教育过程中就很难进入人工智能的开发与创新层面。很显然，一个地区的经济发展状况对于一个学校的硬件设备、学生起始水平的限制都有着极大的影响，因而，各地各校甚至是每个学生在人工智能教育中所要达到的目标应该是不同的，这就形成了我国基础教育阶段人工智能教育目标的分层体系。而每个地区、每个学校、每个学生在开展人工智能教育时，不应盲目地追求同一目标，而应"对号入座"，找准自身在分层目标体系中的位置，有区别地发展，直到最大发展。我们可将基础教育的人工智能下的教育目标分为以下几个层面。

首先是初级水平，主要目标应定位于经验。这是针对经济水平、硬件设备、起始知识和能力都不具备的学校的学生来说的。开设人工智能课程，最主要的目的在于让他们了解社会科学技术发展的前沿知识，并在知识了解的过程中对社会的变化有所经历，不再是"不知有汉，无论魏晋"。因此，具体来说，这一层次的教育目标是：通过了解有关人工智能的基本概念、不同类型知识的不同表达、专家系统的基本结构、解释机制和解决问题的基本思路、人工智能语言的大致情况以及信息的搜索等方面的知识，体验人工智能对于学习者本身、学科学习以及社会三方面的作用。第一，人工智能的本质含义是要让机器学会像人一样思考。第二，求解一道新的题目，作为新手可能会束手无策，而对于一个从事教学工作多年的专业教师来说，可能很快就会在头脑中产生解题的基本思路。第三，如果机器也能思考，会不会出现某些影视片中所描绘的诸如人类最终成为机器人的奴隶之类的情况？机器是为人服务还是最终变成人为机器服务？面对诸如记忆力等方面机器优于人类的情况，我们应该怎么看待？应该做些什么？未来的生活是怎样的？……对于这些问题的思考，学生一方面可感受人工智能技术对人类学习、生活的重要作用，体验人工智能技术的丰富魅力，增强对信息技术发展前景的向往和对未来生活的追求。

其次是中等水平，即指体验与技能并重。对于具有中等水平的经济状况、硬件设备、起始知识和能力的学生，则应提高到体验层面，并且是一种基于其技能发展的体验，这也是人工智能课程的独特性所在。对于这一层次的人工智能教育来说，现实条件限制了它不可能指向开发与创新。换句话说，如果无视现实条件，一味地追求人工智能的开发与创新，只会让学生体验"捉襟见肘"的失败感。但如果能够将人工智能教育过程中所学到的技能、方法、策略等运用到其他学科的学习或问题的解决中，则对学生来说受益颇丰。对于知识与技能的追求，这一层次的目标不能仅限于对某一概念的定义层面的理解，而是要求学会知识表达的基本方法；了解一种人工智能语言的基本数据结构和程序结构，会使用一种人工智能语言解决简单问题，并能够上机调试、执行相应的程序。通过实例分析，知道专家系统正向、反向推理的基本原理；会描述一种常用的不精确推理的基本过程；了解用盲目搜索技术进行状态空间搜索的基本过程。

最后，是高级水平状态，即指向开发创新的教育目标新课标中要求对有特长的学生进行有针对性的教学。对于一些基础较好、能力较强的学生，如果学校的硬件设备许可，可以进行因材施教，逐步导入开发与创新工作。这一阶段的教育目标不仅限于书本知识的了解和掌握，而更多的是以此为基点，以新观念、新视角对原有知识进行改造和创新，并将它们付诸实践。我们要清楚地认识到：现实条件越好，人工智能课程的特色也应越强，技术的分量也应越重，开发与创新的味道也应越重，体验所涉及的层面也应越深。

三、人工智能影响下的教师

在人工智能环境下，对教师的工作有着前所未有的挑战，这种挑战不是经验的传授，而是经验的建构。首先，对经验内容进行审视。人类的经验世界不同于生理组织，大脑内部经验活动的内容无法使用设备直接探测。因此，人类的行为数据在分析和洞察学习者方面依旧具有无可撼动的地位。在学校教育范畴内，从实践层面上讲，技术对教育的影响只有通过个体水平的改变才能提升整个群体的水平。所以，"广积粮"是当前大数据的特点，不仅数据价值密度低，还面临隐私侵犯的风险；"深挖洞"则是未来大数据的特点，表现为数据来源的选择性和典型性以及数据维度的丰富性和追踪的长期性。由于学习者的经验内容彼此均不完全相同甚至差异极大，对未来的教师而言，对学习者的真正理解和有效教导将在个体层次上深入开展，朝向真正的"个性化"教育。其次，对经验原理进行合理建构。不论是人脑还是通用人工智能系统的记忆中，既不存在绝对保真的知识，也没有一成不变的真理，有的只是在开放环境下随时接受挑战的经验。事实上，智能主体经验空间的可塑性，决定了主体接受教育的必然性和必要性。在细节上，经验具有陈述和主观判断两个维度。其中，知识描述可以成为经验的陈述，主观判断由证据累积的"正确率"和"可信度"共同表征。尽管可信度通常随支撑该信念的正面证据的增加而提升，但是也有对少数证据进行泛化强化导致正确率不高但可信度极高的"似懂非懂"的情况。因而，未来，教师需要借助知识空间、内隐测量、无意识测验等技术探查学生经验背后的真实主观判断。

四、人工智能影响下的学生

人工智能给学校的学生带来更丰富多样的网络资源以及日益成熟的人工智能技术，正是在这样越来越快速、便捷的技术支撑下，学生可以进行适应性、个性化的学习，而不被局限于正规学校里发生、进行的传统学习。第一，借助"网脑"搜索所需要的任何领域的知识。维基百科、百度百科等网上知识库的内容几乎可以说是无所不包，并且准确性、正确性和及时性越来越高，其可以提供与任何学科有关的资料。第二，借助机器翻译系统阅读和学习外文资料。随着我国国际化程度的进一步提高，经济、社会、教育、文化、体育等各个领域的国际交流日益广泛，需要我们阅读一定的外文资料。当前网上多种语言翻译系统的翻译效果越来越好，可以帮助我们翻译单词、句子和篇章，并提供词汇解释和例句、合成语音等辅助学习功能。即使没有学过某种外语，我们也可以了解该语种资料的大致含义，打破了时空的限制。第三，借助语言技术学习外语。比如，使用"批改网"等系统提交英语作文，在得到系统即时反馈后多次修改拼写、语法和修辞等错误直到满意为止，借助"英语流利说""英语模仿秀"等系统学习英语发音。第四，借助智能机器人学习编程，培养计算思维和创造性思维。各具特色的智能机器人系统为学习者提供了与硬件配套的可视化、模块化编程环境，如 Scratch 等。这便于我们学习控制机器人的传感器和行动装置，学习顺序、分支、循环等程序结构和并发计算，并在此基础上发挥我们的想象力和创造力，设计、搭建、开发出富有创意的作品。第五，借助智能教学系统进行某个学科的深入学习。比如在数学方面，可以借助"数学盒子""洋葱数学"等智能学习平台，找到与本人知识阶段相应的内容，或者借助平台的自动推荐功能，深入学习代数、几何等某个领域的知识，通过平台的自测功能看到自己的进步与不足，甚至是具体形象的学科画像，然后继续学习系统推荐的微课，或者阅读材料等内容，或者参与系统推荐的练习，直到自己牢固掌握这些知识为止。第六，用适合自己学习风格的方式进行学习。学习风格作为影响学生学习的一种个性化要素，受到教育研究者的广泛关注。不同学习风格的学习者，会对一定的学习媒体产生不同的偏好。智能教学系统会根据学生在学习过程中所分析得出的数据以及通过调查反馈的结果，确定学习者的学习风格，并据此向学习者推荐合适的学习媒体、方法与路径。

总之，为学生创造一个处处可以借助人工智能技术的学习环境，最终形成一个和谐的人机交互融合的学习生态环境。作为研究者，我们可以如此期许，在不久的将来，人工智能技术可以创造出更加个性化、适应性、服务于终身学习的智能普适学习环境，在这个环境中，任何人，不管想学什么、在什么地方都可以学习；学习可以是个性化的，智能教学系统就像教师一样在旁边辅导；学习也可以是社会化的，就像在传统教室里一样，有竞争也有协作。

第三节　人工智能背景下的主体

一、教师：积极探索人工智能助推教师队伍建设的新路径

（一）人工智能助推教师队伍建设的三大缘由

一是因为教师是推动智能教育实施的关键因素，没有教师观念的转变、能力发展就很难实现传统教育向智能教育的跨越。国务院印发了《新一代人工智能发展规划》，部署了发展智能教育的战略，旨在利用智能技术加快推动人才培养模式、教学方法改革，构建包含智能学习、交互式学习的新型教育体系。开展教学、管理、资源建设等全流程应用，开发在线学习教育平台和智能教育助理，最终建立以学习者为中心的教育环境，提供精准推送的教育服务，实现日常教育和终身教育定制化。二是国务院印发了《关于全面深化新时代教师队伍建设改革的意见》，兴国必先强师，面对新形势下我国踏上的新征程和背负的新使命，教师队伍建设还不能完全适应，因此亟须革新教师培训方式，推动信息技术与教师培训的有机融合，实行线上线下相结合的混合式研修，提高教师队伍建设的层次和质量。三是为了响应教育部启动的《教育信息化 2.0 行动计划》，该计划将大力提升教师信息素养放在重要位置，启动了"人工智能背景下教师队伍建设"的行动，旨在推进人工智能创新教师治理、教师教育、教育教学、精准扶贫的新路径，推动

教师更新观念、重塑角色、提升素养、增强能力。综上所述，实现教师队伍建设与人工智能的融合，实施人工智能助推教师队伍建设的行动迫在眉睫。

（二）人工智能助推教师队伍建设的五大应用

人工智能助推教师队伍建设当下主要应用在教师智能助手应用行动、未来教师培养创新行动、智能教育素养提升行动、智能帮扶贫困地区教师行动和教师大数据建设与应用行动。教师智能助手应用在于可以提高教师工作效率，能够与教师合作制定教案，批改作业和与学生互动，降低了教师的工作强度，提高了工作效能，有利于其进行创造性的教育教学活动。未来教师培养创新行动需要联合中小学与重点大学创办新一代信息化教师实验班，从人才培养的源头入手，打造一支专业化的人工智能教师队伍，在培养方案和课程设置上充分安排人工智能的内容，探索培养具备运用人工智能等新技术能力的新教师。智能教育素养提升行动在于帮助教师学习应用人工智能技术，以改进教育教学能力，再从中选出一批信息化管理能力较强的优秀校长、信息技术应用能力较强的骨干教师，作为其他各地参观学习的标杆。智能帮扶贫困地区教师行动是教育发达地区高水平学校与偏远贫困地区学校建立一对一帮扶模式，通过互联网技术实现远程同步智能课堂，还要鼓励能够应用人工智能手段的教师以多种形式到贫困地区任教，革新当地的教育理念和教育模式，通过优质课程和人才的同步共享，助力贫困地区教师发展与学生成长。教师大数据建设与应用行动可以通过收集教师在教学、管理和科研等方面的信息实现，建立教师信息数据库，并将其与教师网络研修平台等系统对接，根据教师平时的教育教学特点有针对性地推动研修资源，不仅有利于教师的特色化发展，还优化了教师管理流程。

（三）保证人工智能助推教师队伍建设顺利推进的四大举措

为保证人工智能助推教师队伍建设的顺利实现，纵向来说，各级教育行政部门要上下联动，教育部的重点在于组织制定宏观政策和实施的标准与规范，并对各地加强工作指导，地方各级教育行政部门要进一步健全工作领导体制，为实现该任务提供体制与机制的保证。另外，横向来说，各教育部门要做好协调与配合工作，汇聚工作合力，提高办事效率。一是担任好组织引导的角色，教育部将切实做好试点工作的统筹规划，在全国范围内选出基础好的市县和中小学校建立实验区和实验校，遴选基础好的大学建立实验基地，引进信息化和人工智能等领域企业或专业机构，参与技术创新、产品开发、平台资源建设，强化外部资源整合。二是强化经费保障，除了教育部出资之外，还要多渠道多方式筹集资金，地方政府要加大对教育财政的投入力度，鼓励本地优秀企业家投资人工智能产业。三是加强专家指导，教育部将在相关企业、大学和科研机构遴选出人工智能教育教学、人工智能管理和人工智能研发等相关领域的专家，成立负责方案研制、指导与监控的专家组。四是做好督查落实，针对试点区域成果的检测，教育部将采取专项督查和第三方评估等方式，对工作进行检查评估和验收，发挥好"督导评估、检查验收、质量监测"的职能。

二、学生：实践素质教育以培养全面发展的学生为目标

（一）人工智能时代须重点培养学生五种高阶认知能力

在机器能够思考的时代，教育应着重培养学生的五种高阶认知能力，即自主学习能力、提出问题的能力、人际交往的能力、创新思维的能力及筹划未来的能力。人工智能时代知识的获取、知识和能力的培养以及教学的模式都发生了突破性的变革，知识不再具备封闭性，互联网技术让知识实现了共享，人人都可以通过互联网获取海量的知识，知识不再单一地由教师传授，帮助学生寻找获取知识的途径，培养筛选知识的能力变得至关重要。同时教学模式也出现了颠覆性的变化，教学的主体从教师变成了学生，教师不再是教学过程中的唯一中心，通过教师智能助手的应用可以有效提高教学的效率，还可以通过跟踪学生的学习过程，发现学习的难点和重点，再针对性地提出解决方案，真正实现因材施教与特色化教学。同时调动学生的主观能动性成为教学的重点，培养学生制订学习计划、安排学习内容、检测学习进度和组织小组合作学习等学习能力也成为教育教学的新目标。综上所述，在人工智能时代，如记忆、复述、再现等低阶认知技能的重要性会下降，而高阶认知能力的重要性会更加凸显，因此在教育教学目标的制定，教学模式的变革和教育结果的评价上都要体现高阶认知能力的要素。

（二）人工智能时代须重点培养学生四大素养

随着人工智能的快速发展，中小学生将首先面临巨大挑战，人工智能作为影响社会方方面面的颠覆性技术，会对学生的生活与学习产生重大影响，学生在家庭生活、外出旅游、朋友社交等社会活动和学校生活等学习活动中都将体验到人工智能的环境与产品设计。因此，为加深学生对人工智能的了解，提高对人工智能的应用能力，重点须培养学生的终身学习素养、计算思维素养、设计思维素养和交互思维素养。终身学习素养，主要基于人工智能时代需要更强大和持续的学习力，人工智能技术的演变是无穷无尽的，想要跟上时代变化的步伐就要改变过去"前半生学习，后半生工作"的旧观念，树立终身学习的理念，推动学习型社会的建立；计算思维素养，主要基于学习和理解人工智能，与人类相比人工智能的工作运转思维模式主要呈现高度逻辑化和精细化的特点，而熟练运用人工智能的首要原则是要了解熟悉其工作模式，因此培养学生的计算思维显得至关重要；设计思维素养，主要基于人工智能时代学生执行困难任务时需要创新传统

路径，优化相关要素，改变组合路径以达到产品的理想状态，因此，需要培养学生的设计素养，引导学生学会抉择、学会组合、学会判断；交互思维素养，主要基于人工智能时代学生交往方式的变化，由于网络交流比重的日益增大，人际交往的节奏变得更快，人际交往的圈子变得更大，因此，培养学生的移情能力、共享能力、协商能力和媒体素养占据了举足轻重的地位。

（三）人工智能时代须重点培养三种学习方式

人工智能时代学生成为知识获取的主导者，成为学习过程的主体，提高学习效率和质量的关键在于学生自我学习能力的挖掘，而且人工智能技术的开发对学习任务提出了更高的要求，学生不仅要学习知识，还要学会与机器互动。北京景山学校计算机教师吴俊杰认为，按照现代学习理论，根据学习中智能匹配的不同方式，可以分为基于问题的学习、基于项目的学习和基于产品的学习三种形式。基于问题的学习，主要适用于学校课程，它倾向于通过学习知识解决问题，是学习的最低层次。基于项目的学习产生的是一个方案，这种学习形式更加贴近生活，学习的环境也不限制在学校范围内，而需要学生组织一定的社会调研和观察。基于产品的学习具备较为完整的程序，从问题的挖掘、问题的提炼、产品的设计到产品的实施等环节都需要学生的亲自参与，还有可能将产品转化成全人类的共同财富，是最高阶段的学习层次。

三、学校：开展智能校园建设，促进教育信息化

（一）人工智能加速推动数字化校园建设

随着人工智能技术的不断推进，智慧校园的建设将进一步完备，信息化技术将充满校园的所有角落。教育教学环境产生了颠覆性的变革，教室里除了黑板之外，四面墙壁都带有智能显示屏，每个位置的学生都能与教室实现实时互动，投影仪等多媒体技术在教学中的应用也将更加完善。学生的课桌也将实现升级，课桌与黑板实现联合，学生可以在不离开自己位子的前提下让教师接收到个人的信息，教师也可以通过总控制台随时检测与指导学生的学习过程。学校中图书馆、体育馆和实验室等也需要重构，以个性化、便捷化、复合化的理念设计，让每个学生都能获得合适的平台和指导。未来的智慧校园将呈现出这样一幅图景：

当学生踏进校园就可以完成签到，离开校园自动告知家人，进入教室多媒体设备已经开启，身体不适发出报警求助，上课开小差收到友情提醒，练习测验后生成学情分析报告……

这些场景的实现也标志着校园物理环境、教室教学环境、网络学习环境已经充分融

合，实现了从环境的数据化到数据的环境化、从教学的数据化到数据的教学化、从人格的数据化到数据的人格化转变。

（二）人工智能打造充满温度的校园环境

随着经济水平的不断提高和对教育经费投入的加大，部分地区校园的校舍、实验楼、体育馆和操场等设施的建设呈现出同质化的现状，难以体现不同地区、不同风土人情、不同级别和不同类型学校的特色，而且建筑内部也缺乏人性化的设计，只是一味重视数量和规模的扩大，难以体现对学生的人文关怀。有温度的学校在办学理念的制定上，就应该立足于该校的定位、管理者的风格和学生的特点；在学风的建设上，鼓励各个班集体制定班规班风，班干部带头做好榜样；在学习过程中，要充分体现人性化和智能化，摒弃差生和优等生的分级观念，对于学习进度较慢的同学要因材施教，对于需要接受特殊教育的学生，人工智能技术可以分析其智力和学习能力，充分开发适合其学习的课程，为其配备专门的人工智能教师助手，提高其学习的积极性。同时，还可以充分利用人工智能技术为学生提供虚拟学习环境，让学生可以体验身临其境的学习环境，在虚拟情境中锻炼其在线获取信息、发现问题和以人工智能算法为基础提出解决问题方案的能力，还可以利用智能教学系统匹配适合学习者情感状态的最佳形式，促进学习者情感状态的转变，保证学习过程中学生深度投入。

（三）人工智能优化教育管理能力

与人工智能管理模式相比，传统的教育管理模式具有效率低和精细化不强的弊端，在一些城镇大班额的班级和偏远地区教师紧缺的情况下，教师没有精力和时间及时、全面地掌握学生的个人信息和学习记录，给学生成绩的分析和个性化学习方案的制订等过程带来了不便，然而基于大数据的学生管理系统的建立可以及时接收学生的学习数据并搜集从小学到大学全过程的学习数据，再根据学生的年龄和学习成绩等各类信息制定反馈，解释和预测学生的学习表现，有利于教师了解学生的学习状态，调整教学策略和学习目标，达到提高教育质量的目的。对于学校管理者来说，人工智能技术能够构建全方位复合型管理形态，创新信息时代教育治理新模式，开展大数据支撑下的教育治理能力优化行动，填补当前教育管理中的一些短板，优化管理过程，提高管理效率。综上所述，人工智能技术可以根据可视化的师生、生生关系，以及数量化的师、生影响力指数，学习管理者在人工智能助手的支持下做出相应的教育管理制度调整，建立相应激励机制，大力加强教学推进工作；建立相应教学资源调控制度，合理规划资源并提升教学效果；建立相应的校内师生申诉制度，及时反馈并解决教学困难。

第四节　人工智能背景下的活动

一、人工智能虚拟学习助手

（一）人工智能虚拟助教

由于在教学过程中，助教所发挥的就是为学生解答疑惑、制订计划等功能，这些工作多为简单机械重复的脑力工作，因此，人工智能可以逐渐替代助教业务。机器会跟着学生进入学校，监控他们的学习情况、学业压力以及身体健康，制订学习计划并指导他们下一步应该做什么。每一个教师都可以有一个虚拟助教，因为教师只有一双眼睛、一双耳朵、一个嘴巴，不可能观察、管理每个学生，但是机器可以变成千里眼、顺风耳帮教师观察每一个学生。帮助教师完成课堂辅助性或重复性的工作，如上课点名、批改试卷、考试监考等，还可帮教师收集整理资料辅助备课、教学和课堂管理，减轻教师的负担，提高工作效率。人工智能助教一方面可以汇聚每个学生的学习态度、学习风格和知识点掌握情况等信息，使教师能够精准地掌握学生个体的学习需求；另一方面还可以统计班级整体的学习氛围状况、薄弱知识点分布和成绩分布等学情信息，使教师能够精准地掌握班级整体的学习需求。基于此，最终为合理规划教学资源、恰当选取教学方式提供专业指导意见，实现教学过程的精准化。同时，人工智能虚拟助教还可以应用于在线网络课堂中，由于在线课程的学习者数量众多，并且地域广，所提问的问题数量也相对较多，同时也会因学习者所在地域的不同造成时间上的差异。针对这些现实的问题和困难，人工智能虚拟助教就成为助教的最佳选择，人工智能虚拟助教不仅可以为同学们解答并给予指导，而且准确率也较高。

（二）人工智能虚拟陪练

每个学生都有一个机器学习陪练，可以帮助学生整理学习笔记、发现学习中的问题，为学生快速地找到所需要的学习资源，或是针对性地推荐学习资料，协助学生管理学习任务和时间，提高学生学习效率。课后练习的反馈对于学习效果的提升非常重要，而数据化程度最高的环节也就是课后练习。不同类型的学习内容需要的教学方案各不相同，如理论性的学科的练习更加容易智能化，但是与实践相关的科目，如美术、体育和音乐等往往需要搭配人工智能硬件来达到学习效果。此类产品如"音乐笔记"就是音乐教育领域的陪练机器人，智能腕带和 App 结合，利用可穿戴设备和视频传感器，对钢琴演奏的数据进行实时采集分析，并将练习效果反馈和评价呈现给用户。对于语言学习来说可以为他们量身打造个性化的人工智能虚拟陪练，通过智能算法，深度分析学员学习行为与学习数据，使得课程内容能够有针对性地由浅入深、循序渐进。总之，人工智能技术可以用来模拟真人一对一的辅导，充当学习者的虚拟陪练，及时为学习者匹配最符合其认知需求的学习材料和活动，并提供有针对性的实时反馈，让学习者自主掌握学习进度，帮助学习者培养自我时间和精力管理的能力，或用教学策略辅助学生的学习，帮助学习者应对挑战，从而找到自我学习的最近发展区。

（三）人工智能虚拟专家

人工智能专家是指，在某个自己擅长的领域能够熟练地运用数字化的经验和知识库，解决以往只有专家能够解决的难题。人工智能虚拟专家系统结合了人工智能和大数据，具备自我学习和综合分析的能力，专家系统可以获取、更新知识，而不再只是不变的规则和事实。人工智能专家可以帮助学习者和机构诊断、分析、预测和决策，这类企业在当下的市场上可以分为两类："职业规划＋教育"和"专家批改＋教育"。前者类如"申请方"——基于大数据和人工智能，为面临升学、留学以及求职等情况的用户提供智能规划和申请服务的平台，帮助学生获取开放性的教育资源、实现高效率的学业发展、收获个性化的教育体验。后者类如"批改网"——是一个计算机自动批改英语作文的在线系统，为学生和教师提供智能的批改服务。智能测评强调通过一种自动化的方式来测量学生的发展，担任了一些人类负责的工作，包括体力劳动、脑力劳动和认知工作，且极大地缩短了时间、提高了精准度。通过人工智能技术而实现的自动测评方式，能够跟踪学习者的学习表现，并实时做出恰当的评价。人工智能专家系统在外语口语评测、考试阅卷等人工智能技术的支撑下，充分利用用户的学业诊断数据、用户行为数据，并根据学生的学习目标、学习情况、学习习惯以及对知识点的掌握情况，通过用户画像、资源画像及构建知识图谱，实现学习资料和学习计划的个性化推荐。

二、人工智能背景下 VR：实现互动场景式教育

（一）人工智能背景下 VR 实现的可能性

虚拟现实技术（VR）的主要研究对象是外部环境，而人工智能技术则主要是人类智慧本质的探索，人工智能技术能够提高虚拟世界的效果，以及用户的交互体验，对用户

行为的反馈也将更加自然，将人工智能与虚拟现实相结合运用在教育中，想象空间是不可估量的，益处也是显而易见的。最初，我们学习只靠看书、识记知识点，这属于第一个维度；随后，多媒体教学进入课堂，我们将幻灯片、视频带入学习中，这属于第二个维度；而现在，虚拟现实技术则可以被视作第三个维度，即体验式学习，比此前的视频教学更丰富、更能让学生全部的感官都沉浸其中。所以，VR 能够让学生的学习效果在多媒体教学的基础上更进一步，这在理论上是显而易见的。VR 技术以其高度模拟真实现场、不受时间和空间的限制和高度交互性等特性，能够为学习者提供多种类型的虚拟学习环境和虚拟实验室供他们"身临其境"地学习、观察和探究，以沉浸性和游戏化的体验方式来极大地提高学生学习的积极性和兴趣。虚拟现实也有两种形态，一种虚拟形态是类似于你戴上诸如手套、眼镜等，然后给你另外一种感觉，戴上这些设备之后，你会觉得自己是在另外一个时空或环境，这是常见的虚拟形态，能够给人们一种虚拟现实的体验方式。另外一种是混合式的远程视频技术，当你戴上这种眼镜设备以后，你可以去触摸身边虚拟的椅子，你可以将其挪开，这样的技术可以给你类似于错觉的感觉，带你到达一些对于人类来说很难到达的地方，比如海底或者火山里面。虚拟现实技术让课堂不再局限于小小的教室、桌椅和黑板，而是整个世界。虚拟现实技术创造逼真的数字模拟，让学生沉浸其中，而人工智能可以让场景中的人物摆脱以往僵硬沉闷的形象，拥有了一定的心智，甚至是别具一格的个性，并对自己的选择或互动做出反应。

（二）人工智能背景下 VR 技术在学科教学中的应用

在英语教学中，如果你学一些动物的单词，一个一个的动物从你眼前经过，有 3D 的狮子从你眼前走过，并且朝你吼叫，然后旁边有狮子的英语单词和音标，耳朵里还可以听到 lion 的发音，真可谓是调动了各种能调动的感官，多感官参与，而且在沉浸式的环境下，完全没有其他干扰，这样记忆单词的效率不止提升一点点。同时还可以借助一些英语单词学习方法和学习理论来构建场景，如空间位置记忆法、首句联想法等，这样确实可以提高单词学习和记忆效率。在地理教学中可以做一些宏观 3D 场景动画，如大家做得最多的天体运动场景和冰川场景，这些场景是最可能让你感到惊叹的场景，想象一下，你戴上 VR 眼镜，可以看到太阳系内八大行星的运转，那样的感觉，即使不做其他交互，你也会对科学产生兴趣，它也比 2D 资源有价值。还可以做一些微观的动画，如细胞分裂的动画、DNA 复制的动画。但要注意的是，其实有些动画用 3D 动画呈现就可以了，没必要做出 VR 互动的动画。在语文教学中，古诗词中的许多场景和我们当下的生活确实有很大区别，我们可以通过 VR 古诗词课件去呈现古诗词要表达的意境，在技术水平可以的情况下，最好做成中国风、泼墨画等风格的场景，这样更能让学生感受到古诗词的意境美。如李白的名篇《望庐山瀑布》中有一句"飞流直下三千尺，疑是银河落九天"，这句诗对很多学生来说，理解起来可能会有点困难，因为许多人就没有登山的经验，那么我们可以做庐山的场景，或者是实地拍摄 360 度全景，或者是用 3D 软件建模，让学生戴上 VR 眼镜后，感受站在庐山瀑布脚下，感受仰望庐山瀑布的场景，这样肯定比教师讲解的效果好。

（三）人工智能背景下 VR 技术激发学生学习动机

教育的核心在于能不能有效地激励学生，尽快形成学习中的"正反馈"。人工智能背景下 VR 技术在这方面有着得天独厚的优势，尤其在一些需要实际操作的情景中更是具有不可替代的优势。虚拟现实技术克服了教学场地的局限性，无论是听觉、视觉还是触觉，虚拟现实技术带来的逼真的感官体验使得体验者如同身临其境一般. 虚拟现实技术可以将学生带入完全逼真的教学情境中，通过交互式体验，让学生在不同于现实的场景中进行学习，增强学生的感官和身心的体验感，获取愉悦感及满意度，从而调动学生主动进行学习，激发学习动机，增加学习体验与参与度。情境学习是激发学生学习动机的一种新的学习方式，它解决了传统教学脱离真实的问题，挑战传统教学场地所带来的局限性，通过设置与生活环境类似的场景，促进学生学习。虚拟现实技术的出现为情景学习带来技术支持，通过呈现个性化特征、丰富多彩的媒体形式和刺激性的对话促进学习者的学习动机。大量案例证明，虚拟现实可以给学生带来放松、愉悦、感兴趣等积极情绪，激发学生的内部学习动机。学生不出教室就可以认识世界，把学习变成一种兴趣。如在科普课上，学生就可以体验虚拟现实技术带来的学习乐趣。学生戴上 VR 眼镜模拟潜水员，他们可自由地游往任何一片水域，近距离观察体会每一个海洋生物的特征。相比二维图像，虚拟现实技术所带来的沉浸式教学使课堂变得更加生动有趣，更重要的是这种学习体验会激发学生的创造力和想象力，进而激发探求知识、世界的兴趣，提升学习的动机。

三、人工智能与教育评价体系的构建

智能评价包括人工智能在传统测试的各个环节中的应用。教育评价的过程本质上是把某种潜在特质（看不见、摸不着又确实存在的能力、素养或心理特质）用一种科学的方法进行量化，用数值来表示被试在该项特质上的发展水平。

（一）人工智能机器命题

传统的考试命题是由学科专家、教师或专业的命题人员，根据教学大纲、教学目标和教学重难点等进行设计的。命题质量是决定整个测评质量的关键因素，试卷难度还应当满足测试目的：选拔性考试通常偏难，例如高考，而达标考核的难度则依据相应标准来确定，例如中学毕业会考。一次传统的纸笔考试可能只需要 40 题左右，但在未来的考试中，要施行个性化教学首先要在教育评价上进行改革，需要给每个考生不同的试题，所需的题目数量与结构也就会同时发生变化。而且这种考试的频次往往较高，因此也需要更多的试题。传统的考试命题成本较高，耗费时间较久，且存在一定的错误率，而机器命题能大幅节约命题成本，提高命题效率。此外，出于安全性的考虑，由于机器命题没有泄露试题的风险，提高了一定的考试安全性。因此，机器命题在过去十多年里得到了较快的发展。尽管机器命题能节约成本，提高效率，但也存在一定的局限性。首先，命题过程仍然离不开命题专家对母题的选择和分析，可见机器明显离不开学科专家的辅助。其次，机器在设计干扰项时比较死板，机器明显依赖于设计的算法，很难具有变通性，只会依据母题的模板生成干扰项，而不会根据题目的特点重新设计。再次，由于开放性问题（如论述题、语文作文等）的标准答案设计与标准答案不同，开放性问题的答案具有多样性，且难以制定一套标准，因此机器命题目前也较少被用于此类问题。最后，机器命题十分依赖语料库。语文学科的语料库发展比较快，计算语言学的研究已经完成了对词的难度、词和词之间的距离等的量化，为机器命题奠定了良好的基础。而对其他没有成熟语料库的语言来说，好的机器命题则难以实现。但是，即使目前存在以上的不足，相信随着对人工智能技术的深入研究，人工智能机器命题必是未来发展的趋势。

（二）人工智能自动评分

这里将要讨论的评分不包括扫描仪读取答题卡，而是指在传统考试中需要由阅卷员进行打分的开放性问题，如口语考试、简答题、作文题等，这类评分对于阅卷员来说更有难度，且耗时更长。在普通考试中教师评分耗时耗力，例如全国性的大型考试，比如高考阅卷需要半个月才能完成，而机器自动评分可以节约时间和成本，大大提高效率。目前自动评分一般包括三个步骤：第一步，要把试卷上手写的文字转化为电脑可以读取、分析的文本。这一步依赖自然语言处理系统，需要运用到中文软件系统对其进行处理。第二步，分析文本。常用的分析方法有两种，一种被称为"隐含语义分析"，另一种则是"人工神经网络"。所谓隐含语义分析，是指把被试的回答转换成数字矩阵，计算与标准答案矩阵之间的距离。这种方法多用于简答题。对于较长的回答，如作文，则更多使用人工神经网络。人工神经网络简单来说就是找出本书的特征，如关键词出现的频率、复杂句式出现的频率、连接词出现的频率等，根据文本的特征来完成打分。在评定较长的回答时，先要让计算机去大量"学习"已经由专家完成评分的答案，每一种分值都需要一定数量的案例，完成评分特征的选取。最后一步就是打分。打分也有两种方法：分类和回归模型。当题目的分值较低时（如可能的得分是0到5分），分类法较为常用。计算机把被试的回答和已经学习过的不同分值的回答进行对比，把回答归入最接近的一组，就完成了打分。当题目的分值较高时（如高考中作文为60分），则多用回归模型，即通过机器学习已经由专家完成打分的大量案例，建立回归模型。新的文本特征作为自变量"X"，通过回归模型，计算出最终得分"Y"。当然，自动评分还存在很多局限。一方面，机器学习的资料是不同专家的评分，本身就存在一定的不一致性，因此，自动评分的结果与人工评分还会有一定的差异。另一方面，自动评分也十分依赖语料库的建设，对于计算语言学没有深入研究的语种，就难以建立比较精准的模型。此外，自动评分在面对"创作型写作"时，往往很难给出准确的判断。

（三）人工智能与教育测评的未来研究方向

人工智能在命题和评分中的研究和应用还在不断推进的过程中。但不少研究者认为，目前的这些应用没有改变测评的基本内容和形式，人工智能测评还是不能离开教师和专家的帮助，机器只能起到辅助的作用，只不过在一定程度上降低了成本、提高了效率而已。当前的在线学习平台已经积累的数据，应该能够支撑研究者们进行更多的探索，突破原有的测评方式，例如应用学习过程中的行为数据完成测试等。研究者们开创了一个新的领域——"分析测量学"，即通过大数据分析而非传统的考试，对学生进行测评。分析测量学仍然遵循测量学的基本逻辑：首先，要建立理论框架；其次，在学科和认知理论的基础上，进行新型"命题"，即通过数据挖掘找到高相关性的信息，同时通过传统命题的思路赋予这些数据实践意义；再次，通过理论与数据结合的方式，对不同的行为进行评分；最后，运用测量学模型估算被试的能力，这种"分析测量"将改变测试的场景、命题和评分方式，给测量领域带来更具深远意义的变革。基于人工智能技术的分析测量学作为一种新兴的研究方向，拓宽了人工智能在教育领域的应用范围，为真正个性化定制学习提供了诊断基础。

第五节 人工智能背景下的平台

当前，全球正在进入第四次工业革命，即以人工智能、清洁能源、机器人技术、量子信息技术、虚拟现实以及生物技术为主的全新技术革命。从 2015 年开始，国家广播电视总局就开始部署智慧广电，当时智慧广电的本质是新兴技术与广播电视既有优势的高度融合，是广播电视数字化、网络化、智能化的新发展要求。2018 年 5 月，国家广播电视总局再次提出要求加快智慧广电战略，大力推进有线、无线、卫星传输网络的互联互通和智能协同覆盖，大数据、云计算、人工智能等新一代信息技术的广泛应用，不仅给广播电视领域带来前所未有的深刻革命，同时也给广播电视传输所覆盖的事业带来研究的机遇与挑战。

教育是人类社会发展的基石，在资本寻利的推动下，人工智能在教育领域的渗透应用势不可挡。在人工智能时代把人工智能与教育有机融合起来，充分发挥人机两类智能彼此之长，打造更强的"教育合力"是时代之吁求。我国教育当前所面临的一个重大困境就是发展不平衡，教育发展水平特别是在教育资源配置上存在明显的东西部以及城乡差距，二元结构明显。在人工智能时代到来之际，政府提出要在教育资源有限的条件下，通过开发数字教育资源以及提升数字教育服务供给能力等教育信息化手段缩小区域之间的教育差距，从而促进教育公平。在教育资源既定并且不足的情况下，对于实现教育公平最为至关重要的是合理的资源配置，人工智能能够提供智能平台让不同地区的学生拥有相同的教育资源。人工智能平台能让学生享有优质教育资源以获得自身的充分发展机会，把教育资源的共享做到最大化。通过基于人工智能的共享教育，使经济社会发展水平不同地区的学生能够共享最为优质均衡的教育资源，不仅推动教育的区域均衡发展，还提高教育资源的利用率，对实现我国教育公平有着极其深远的影响。

一、人工智能平台的含义

现代意义上的人工智能，就是用计算机解放人，做人应该做的智能化的工作，实现更高层次的应用。也就是说，人工智能主要是对人类的智能活动进行研究和分析，然后借助一定的智能科技系统和技术，植入一定的程序，完成人类脑力所要从事的各项工作。换句话说，现代计算机技术的应用创新可以模拟人的智能行为，实现对基本的理论和方法的积极探索。人工智能是计算机网络技术发展应用的结果，它被广泛应用于很多的学科领域当中，并在其中取得了不小的成就，逐渐搭建起人工智能平台，囊括了人工智能理论和实践的所有分支。主要涉及计算机科学、心理学、哲学和语言学等学科领域，可以说是囊括了自然科学和社会科学的所有学科。人工智能不仅包括计算机网络科学的内容，还与思维科学建立了密不可分的关系，两者是实践和理论的关系。若要站在思维的角度看人工智能，逻辑思维、形象思维、灵感思维都是促进人工智能取得突破性发展的内容，其中应用最为常见的便是数学。数学工具也是人工智能平台当中较为广泛的，标准逻辑、模糊数学都在人工智能平台的不同范围内发挥着作用，促使人工智能不断被创新和优化。

二、人工智能平台的应用探究

由于日前基础计算能力的大幅提升和大规模的数据积累，当前全球人工智能技术产业正快速成熟并逐渐步入商业化阶段。为了抢占产业发展先机，谷歌、微软、

Facebook、百度等国内外巨头企业依托自身优势，持续加大研发投入力度，大力布局人工智能领域，积极推动人工智能技术在各行业中的融合创新。

（一）谷歌安卓体系创新

安卓操作系统是承载移动互联网应用的最大载体，也是谷歌构建移动互联网生态体系的核心之一。为了充分发挥移动互联网庞大的用户和开发者两大群体优势以及加速人工智能技术与移动互联网技术的融合，谷歌从底层接口、平台框架、应用等方面对安卓体系进行了一系列升级，完善了人工智能技术在终端侧的应用生态体系，推动了人工智能算法模型向终端侧的下沉，促进了人工智能终端应用的快速创新迭代。

1.推出安卓系统新接口，优化应用支持能力

谷歌为了实现安卓系统的创新与优化，于更新的安卓 8.1 版本中增加 Android Neural Networks API（简称安卓 NN API）接口。这是一个与机器学习相关操作的 API 接口，能够在移动设备上运行。安卓 NN API 接口可以从安卓系统上运行的应用运算需求出发，直接由安卓上的机器学习库和框架调动分配，敏捷地为终端设备中的图像处理单元（GPU）、数字信号处理器（DSP）等硬件分配计算量，从而为安卓系统上层的机器学习库提供稳定的底层支持。谷歌推出安卓 NN API 接口是加快发展人工智能技术在终端设备中提高应用支撑能力的重要举措，不仅能够帮助开发者突破运行速度快、延迟率低和成本低廉的人工智能移动应用，也为实现安卓系统的优质智能化提供保障。目前，安卓 NN API 接口已经可以支持图像分类、预测用户行为、关键字搜索等安卓设备已有的应用，对开发者的自定义框架模型也在全面落实当中。

2.显著改善 Tensor Flow，提升技术实力含量

作为谷歌新开发的人工智能软件，Tensor Flow 具有以下几个特点：第一，是编写程序的计算机软件。第二，是计算机软件开发的工具。第三，应用领域广泛。可应用于人工智能、深度学习、高性能计算、分布式计算、虚拟化和机器学习这些领域。第四，软件库可应用于多个领域的建模和测试。第五，可用作应用于人工智能、深度学习等领域的应用程序接口（API）。作为谷歌人工智能应用的核心，谷歌进一步提升了 Tensor Flow、Tensor Flow Lite 两大核心产品的易用性、兼容性。一是谷歌提升开发 Tensor Flow 的简便性，有效提升开发效率。目前，深度学习模型规模庞大，通常可达数十层、数百万个参数，模型搭建、训练需要大量标记数据和计算能力，严重制约了模型训练及优化的效率。二是增强 Tensor Flow 的多语言支持能力。谷歌通过交换格式的标准化和

API 的一致性，并改善这些组件之间的兼容性和奇偶性，从而达到支持更多平台和语言。三是提升 Tensor Flow 的跨平台支持能力。Tensor Flow Lite 旨在为智能手机和嵌入式设备创建更轻量级的机器学习解决方案，谷歌扩展了 Tensor Flow Lite 的应用平台支持范围，可以在许多不同平台上运行，安卓和 iOS 应用开发者都可以使用。此外，谷歌针对移动设备进行了优化，包括快速初始化，显著提高了模型加载时间，并支持硬件加速。

3. 优化学习工具包 ML Kit 格式，提升人工智能应用的开发效率

谷歌发布的机器学习开发工具包 ML Kit 是一个强大易用的工具包，它将谷歌在机器学习方面的专业知识带给了普通的移动应用开发者。其核心在于将训练好的机器学习模型整合成可直接调用的 API 接口，对外提供服务，使开发者仅需几行代码就可调用云端的深度模型算法能力，极大地简化了终端人工智能 App 开发流程。

ML Kit 针对移动设备进行了优化，机器学习可以让你的应用更有吸引力，更加个性化，并且提供了已经在移动设备上优化过的解决方案。提供的 API 接口服务主要有：第一，图像打标，可以识别图像中的物体、位置、活动形式、动物种类、商品，等等；第二，文本识别，从图像中识别并提取文字；第三，人脸检测，检测人脸和人脸的关键点；第四，条码扫描，扫描和处理条码；第五，地标志别，在图像中识别比较知名的地标；第六，智能回复，提供符合上下文语境的文字回答。值得一提的是，这些服务功能可以在线和离线使用，具体取决于网络可用性和开发人员的偏好。

（二）科大讯飞智能平台的支持

当今世界，主要发达国家都把发展人工智能作为提升国家竞争力、维护国家安全的重大战略，加紧出台人工智能的规划和政策，围绕核心技术、顶尖人才、标准规范等强化部署，力图在新一轮国际科技竞争中掌握主导权。语音和人工智能技术有着广阔的前景，在国家安全、民族文化传播、双语教学等国家战略领域都有着非常重要的应用价值。科大讯飞作为亚太地区最大的智能语音和人工智能上市公司，也是中国智能语音与人工智能产业的领导者，在语音合成、语音识别、口语评测、自然语言处理等多项技术上拥有世界领先成果，其人工智能技术在我国教育领域的应用是推动我国教育事业步入人工智能时代的重要保障。

1. 讯飞超脑计划

科大讯飞股份有限公司是国内专业从事智能语音及语言技术研究、软件及芯片产品

开发、语音信息服务的骨干软件企业。作为国内最大的智能语音技术提供商，科大讯飞在智能语音技术领域、软件及芯片开发等领域有着一定的研究成果，并有中文语音合成、语音识别、口语评测等多项技术成果。科大讯飞正式启动的"讯飞超脑计划"核心是让机器人从"能听会说"到"能理解会思考"，目标就是要实现一个真正的中文的认知智能计算引擎，从而推进感知智能和认知智能在内的全面突破，这也是人工智能领域的核心内容。在感知智能领域，首先，语音识别、手写识别方面每年要保持30%—50%的错误率的下降；在能够清晰识别普通话的基础上，进一步优化识别方言。其次，不仅要求能够理解人类和机器的对话，还要瞄准理解人和人之间的对话的方向努力，这是现实的选择，也是未来努力的方向。此外，不仅能够识别联机手写的字符，识别离线手写的字符也要得到落实。在认知智能上的研究目标，关键是让机器能理解会思考，这必须突破语言理解、知识表示、联想推理、自主学习等多方面。

目前，科大讯飞的"讯飞超脑"计划已经取得了阶段性的进展和突破。作为计划的重要组成部分，科大讯飞正牵头进行科技部863重大专项之一"类人答题机器人项目"，目的是未来能够让机器人参加高考并考上一本，甚至是清华、北大、科大这样水平的高校。而在口语翻译和评测方面，目前科大讯飞口语翻译技术已经达到英语六级水平，在国际机器翻译评测（IWSLT2014、NIST2015）等大赛中夺得冠军，口语作文评测机器已经可以替代教师进行自动评测，在广东高考英语口语作文考试中得以全面应用。在主观题阅卷上，科大讯飞将人工智能核心技术应用于考试以及传统线下作业的自动批阅，不论是手写识别的还是选择题涂抹，都可以先通过OCR转变成计算机可以理解的文本和图像，再让计算机自动对答案的正确程度进行评判，这其实是感知智能和认知智能的结合。现在安徽省合肥市和安庆市的会考中，对英文和中文的考试进行自动评分，取得了非常好的效果，以后，此项技术很可能将会被全面推广到包括文科和理科的所有课程。

2.全力打造智学网平台

科大讯飞深耕教育事业，打造了以智学网为平台的智慧课堂系统等一系列教育教学产品，基于动态学习数据分析和"云、网、端"的运用，实现教学决策数据化、评价反馈即时化、交流互动立体化和资源推送智能化，创设了有利于师生协作交流和意义建构的学习环境，促进学生实现符合个性化成长规律的智慧发展。

相比于传统的以教为主的教学模式，智慧课堂系统实现了教与学的翻转，把课堂交给学生，达到"先学后教，以学定教"。系统能够为学生提供海量的学习资源和课本迁移知识，让学生在预习时通过自主学习来消化知识点，上课时集中解决学生自学过程中不能理解的问题，提高了课堂教学的效率。结合智慧课堂系统的即时评价功能，教师可以免去课堂测试的批阅过程，实现当堂测当堂评，及时解决教学过程中发现的问题。在开展英语教学活动中，教师利用智学网，能够立刻得到学生课堂听写的批阅和统计情况，以此跳过学生普遍掌握的知识，对大多数学生存在的问题进行重点讲解，节省了课堂时间。此外，依托智慧课堂系统等教育信息化产品，科大讯飞积极推动教育行业的资源共建，以微课等形式，实现优秀教师资源实时实地共享，达到最优质的教学资源的均衡利用。目前，科大讯飞已与广东、浙江、安徽等十多个省市签订了战略合作协议或正式开展省级资源平台建设；与北师大、苏教社、译林等出版社展开了深度合作。科大讯飞联合国内多所名校，启动"推进教育信息化应用名校联盟"，创新人才发展模式，引领课程、课堂改革，共促教育信息化应用。

3. 成立"科大讯飞智能教育专家委员会"

为了更好地推动人工智能促进教育变革，此次由科大讯飞主办、讯飞教育技术研究院承办的大会成立了"科大讯飞智能教育专家委员会"，共 10 位知名的教育信息化专家接受了聘任。众位专家汇聚观塘，共同探索人工智能与教育的深度融合，创新教育教学模式，引领教育生态变革，构建智能教育新体系。

三、人工智能平台对教育发展的影响

各种人工智能平台的研发初衷是为了把人从简单、机械、烦琐的工作中解放出来，然后从事更具创造性的工作。教育人工智能的使命应该是让教师腾出更多的时间和精力，创新教育内容、改革教学方法，让教育事业各项工作的发展变得更好。在人工智能时代到来之际，人工智能平台与教育发展的深度融合是历史的必然，也是现实的选择，更是未来的方向。因此，要抓住机遇利用人工智能技术打造教育信息交流的互动平台，努力建设教育治理综合数据库，实现教育治理数据的互惠互通，这对有效促进我国教育事业的发展有着深远的影响。

（一）改变育人目标，推动教育体系的改革创新

人工智能改变了育人目标。正如机器取代简单的重复体力劳动一样，人工智能将取代简单的重复脑力劳动，司机、翻译、客服、快递员、裁判员等都可能成为消失的职业，传统社会就业体系和职业形态也将因此发生深刻变化。适应和应对这种变化与趋势，教育必须回归人性本质，必须退去工业社会的功利烙印。当人工智能成为人的记忆外存和思维助手时，学生简单地摄取和掌握知识以获取挣钱谋生技能的育人目标将不再重要。教育应更加侧重培养学生的爱心、同理心、批判性思维、创造力、协作力，帮助学生在新的社会就业体系和人生价值坐标系中准确定位自己。教育目标、教育理念的改

变将加速推动培养模式、教材内容、教学方法、评价体系、教育治理乃至整个教育体系的改革创新。

（二）推进优秀经验模式化，推广教学优质化

在人工智能平台的支持下，人工智能技术可以渗透到教育的方方面面，不仅能为教师、学生以及学校的各项工作提高效率，还能为各项教学工作提供优秀示范，积极推进教学质量优化。例如，人工智能自动数据结构化的技术，可以把当前采集的数据编进计算机进行分析。比如学生所做的试卷、作业，这是课前和课后衔接的一个重要环节。运用人工智能机器，可以把学生做完的作业编成计算机可以处理、分析的数据，大大减少了教师的工作量，从而提升教学工作的效率。此外，未来的机器还可以把更多优秀的活动变成一种模型让计算机去运行，从而代替很多烦琐的工作，是全面提升教学质量的重要动力。

（三）推行个性化的教学资源，全面保障教学个性化发展

在人工智能时代，每个教师都有一个教学助手，机器可以对每一个学生进行详细的观察与测评。此外，每个学生都有一个机器学习伴侣，其可以帮助学生整理学习笔记、发现学习中的问题，帮助学生更有效率地学习。人工智能技术平台不仅能从知识关联和群体分层方面分析学生知识掌握情况，推送学习建议，更能从大脑思考方式、个体性格特点、所处环境特征等方面，为每个学生提供个性化、定制化的学习内容、方法，激发学生深层次的学习欲望。而这其中的关键就是数据，有了大量学习的数据以后，系统可以对学生进行问题诊断，最后给学生推送个性化的学习资源，从而更好地解决不同学生的学习问题。

（四）实现教师自我提升，造就教育的新形势

教师的任务是教书育人，教师的作用不仅是传授知识，而且需要通过情感的投入和思想的引导教会学生做人、塑造学生的品质等。对于什么是真正的教育，德国著名哲学家雅斯贝尔斯（Karl Theodor Jaspers）曾形象地描绘为，用一棵树撼动另一棵树，一朵云推动另一朵云，一颗心灵唤醒另一颗心灵。教育是一项心灵工程，它的实施者——教师是富于情感和智慧、想象力与创造力的人类，这些特质是人工智能无法比拟的。同时我们也看到教师正在努力从教学的主宰者、知识的灌输者向学生的学习伙伴、引导者等方向转变。基于此，即使未来人工智能在知识储备量、知识传播速度以及教学讲授手段等方面超越人类，人类教师仍然具有不可替代的作用。但是面对人工智能的冲击，教师

应该具备危机意识和改革意识，思考如何发展那些"AI无而人类有"的能力，思考如何提高教师这个角色的不可替代性，思考什么才是真正的教育，思考未来需要培养怎样的人才等问题。只有朝这些方向努力，才能将人工智能带来的挑战转变为变革传统教育、创新未来教育的机遇。

第三章　计算机教学基础

第一节　计算机基本知识

一、计算机发展简史

1945 年，由美国生产了第一台全自动电子数字计算机"埃尼阿克"（英文缩写是 ENIAC，即 Electronic Numerical Integrator and Calculator，中文意思是电子数字积分器和计算器）。这台计算机采用电子管作为计算机的基本元件，每秒可进行 5000 次加减运算。它使用了 18000 只电子管、10000 只电容，7000 只电阻，体积 3000 立方英尺，占地 170 平方米，重量 30 吨，耗电 140~150 千瓦，是一个名副其实的"庞然大物"。ENIAC 机的问世具有划时代的意义，表明计算机时代的到来，在以后几十年里，计算机技术发展异常迅速，在人类科技史上还没有一种学科可以与电子计算机的发展速度相提并论。

下面介绍各代计算机的硬件结构及系统的特点。

（一）第一代（1946—1958）：电子管数字计算机

计算机的逻辑元件采用电子管，主存储器采用汞延迟线、磁鼓、磁芯；外存储器采用磁带；软件主要采用机器语言、汇编语言；应用以科学计算为主。其特点是体积大、耗电大、可靠性差、价格昂贵、维修复杂，但它奠定了以后计算机技术的基础。

（二）第二代（1958—1964）：晶体管数字计算机

晶体管的发明推动了计算机的发展，逻辑元件采用了晶体管以后，计算机的体积大大缩小，耗电减少，可靠性提高，性能比第一代计算机有了很大的提高。

主存储器采用磁芯，外存储器已开始使用更先进的磁盘；软件有了很大发展，出现了各种各样的高级语言及其编译程序，还出现了以批处理为主的操作系统，应用以科学计算和各种事务处理为主，并开始用于工业控制。

（三）第三代（1964—1971）：集成电路数字计算机

20 世纪 60 年代，计算机的逻辑元件采用小、中规模集成电路（SSL MSI），计算机的体积更小型化、耗电量更少、可靠性更高，性能比第 10 代计算机又有了很大的提高，这时，小型机也蓬勃发展起来，应用领域日益扩大。

主存储器仍采用磁芯，软件逐渐完善，分时操作系统、会话式语言等多种高级语言都有新的发展。

（四）第四代（1971 年以后）：大规模集成电路数字计算机

计算机的逻辑元件和主存储器都采用了大规模集成电路（LSI）。所谓大规模集成电路是指在单片硅片上集成 1000—2000 个以上晶体管的集成电路，其集成度比中、小规模的集成电路提高了 1—2 个以上数量级。这时计算机发展到了微型化、耗电极少、可靠性很高的阶段。大规模集成电路使军事工业、空间技术、原子能技术得到发展，这些领域的蓬勃发展对计算机提出了更高的要求，有力地促进了计算机工业的空前大发展。随着大规模集成电路技术的迅速发展，计算机除了向巨型机方向发展外，还朝着超小型机和微型机方向飞跃前进。20 世纪 70 年代，世界上第一台微处理器和微型计算机在美国旧金山南部的硅谷应运而生，它开创了微型计算机的新时代。此后各种各样的微处理器和微型计算机如雨后春笋般地研制出来，潮水般地涌向市场，成为当时首屈一指的畅销品。这种势头直至今天仍然方兴未艾。特别是 IBM-PC 系列机诞生以后，几乎一统世界微型机市场，各种各样的兼容机也相继问世。

微处理器（Microprocessor），简称 MP，是由一片或几片大规模集成电路组成的具有运算器和控制器的中央处理器部件，即 CPU（Certal Processing Unit）。微处理器本身并不等于微型计算机，它仅仅是微型计算机中央处理器，有时为了区别大、中、小型中央处理器(CPU)与微处理器，把前者称为CPU，后者称为微型计算机(Microcomputer)，简称 MC，是指以微处理器为核心，配上由大规模集成电路制作的存储器、输入 / 输出接口电路及系统总线所组成的计算机（简称微型机，又称微型电脑）。有的微型计算机把 CPU、存储器和输入 / 输出接口电路都集成在单片芯片上，称之为单片微型计算机，也叫单片机。

微型计算机系统是指以微型计算机为中心，以相应的外围设备、电源、辅助电路（统称硬件）以及控制微型计算机工作的系统软件所构成的计算机系统。20 世纪 70 年代，微处理器和微型计算机的生产和发展，一方面是由于军事工业、空间技术、电子技术和工业自动化技术的迅速发展，日益要求生产体积小、可靠性高和功耗低的计算机，这种社会的直接需要是促进微处理器和微型计算机产生和发展的强大动力；另一方面是由于大规模集成电路技术和计算机技术的飞速发展，20世纪70年代已经可以生产1KB的存储器和通用异步收发器（UART）等大规模集成电路产品，并且计算机的设计日益完善，总线结构、模块结构、堆栈结构、微处理器结构、有效的中断系统及灵活的寻址方式等功能越来越强，这为研制微处理器和微型计算机打下了坚实的物质基础和技术基础。因而，自从微处理器和微型计算机问世以来，它就得到了异乎寻常的发展，大约每隔2—4年就更新换代一次。至今，经历了三代演变，并进入第四代。微型计算机的换代，通常是按其CPU字长和功能来划分的。

1. 第一代（1971—1973）：4位或低档8位微处理器和微型机

代表产品是美国Intel公司的4004微处理器以及由它组成的MCS—4微型计算机（集成度为1200晶体管/片）。随后又制成8008微处理器及由它组成的MCS—8微型计算机。第一代微型机就采用了PMOS工艺，基本指令时间为10~20ms，字长4位或8位，指令系统比较简单，运算功能较差，速度较慢，系统结构仍然停留在台式计算机的水平上，软件主要采用机器语言或简单的汇编语言，其价格低廉。

2. 第二代（1974—1978）：中档的8位微处理器和微型机

其间又分为两个阶段，1973—1976年为典型的第二代，以美国Intel公司的8080和Motorola公司的MC6800为代表，集成度提高1—2倍(Intel 8080集成度为4900管/片)，运算速度提高了一个数量级。1976—1978年为高档的8位微型计算机和8位单片微型计算机阶段，称之为二代半。高档8位微处理器，以美国ZILOG公司的Z80和Intel公司的8085为代表，集成度和速度都比典型的第二代提高了一倍以上（Intel 8085集成度为9000管/片）。8位单片微型机以Intel8048/8748（集成度为9000管/片），MC6801/M0STEK F81/3870/Z80等为代表，它们主要用于控制和智能仪器。总的来说，第二代微型机的特点是采用NM0S工艺，集成度提高1—4倍，运算速度提高10—15倍，基本指令执行时间约为1—2ms，指令系统比较完善，已具有典型的计算机系统结构以及中断、DMA等控制功能，寻址能力也有所增强，软件除采用汇编语言外，还配有BASIC、FORTRAN、PL/M等高级语言及其相应的解释程序和编译程序，并在后期开始配上操作系统。

3. 第三代（1978—1981）：16位微处理器和微型机

代表产品是Intel 8086（集成度为29000管/片）Z8000（集成度为17500管/片）和MC68000（集成度为68000管/片）。这些CPU的特点是采用HMOS工艺，基本指令时间约为0.05ms，从各个性能指标评价，都比第二代微型机提高了一个数量级，已经达到或超过中、低档小型机（如 PDP11/45）的水平。这类 16 位微型机通常都具有丰富的指令系统，采用多级中断系统、多重寻址方式、多种数据处理形式、段式寄存器结构、乘除运算硬件，电路功能大为增强，并都配备了强有力的系统软件。

4.第四代（1985 年以后）：32 位高档微型机

随着科学技术的突飞猛进，计算机应用的日益广泛，现代社会对计算机的依赖已经越来越明显。原来的 8 位、16 位机已经不能满足广大用户的需要，因此，1985 年以后，Intel 公司在原来的基础上又发展了 80386 和 80486。其中，80386 有工作主频达到 25MHz，有 32 位数据线和 24 位地址线。以 80386 为 CPU 的 COMPAQ386、AST 386、IBM PS2/80 等机种相继诞生。同时随着内存芯片的发展和硬盘技术的提高，出现了配置 16MB 内存和 1000MB 外存的微型机，微机已经成为超小型机，可执行多任务、多用户作业。由微型机组成的网络、工作站相继出现，从而扩大了用户的应用范围。1989年，Intel 公司在 80386 的基础上，又研制出了 80486。它是在 80386 的芯片内部增加了一个 8KB 的高速缓冲内存和 80386 的协处理器芯片 80387 而形成了新一代 CPU。1993 年 3 月 22 日，Intel 公司发布了它的新一代处理器 Pentium（奔腾）。它采用 0.8ms 的 BicMOS 技术，集成了 310 万个晶体管，工作电压也从 5V 降到 3V。随着 Pentium 新型号的推出，CPU 晶体管的数目增加到 500 万个以上，工作主频率从 66MHz 增加到 333MHz。1998 年 3 月，Intel 公司在 CeBIT 贸易博览会展出了一种速度高达 702MHz 的奔腾 II 芯片。

5.第五阶段（1993—2005）

这是奔腾系列微处理器的时代。1995 年 11 月，Intel 发布了 Pentium 处理器，该处理器首次采用超标量指令流水结构，引入了指令的乱序执行和分支预测技术，大大提高了处理器的性能，因此，超标量指令流水线结构一直被后续出现的现代处理器，如 AMD（Advanced Micro Devices）的锐龙、Intel 的酷睿系列等所采用。

6.第六阶段（2005—2021）

处理器逐渐向更多核心、更高并行度发展。典型的代表有英特尔的酷睿系列处理器和 AMD 的锐龙系列处理器。

为了满足操作系统的上层工作需求，现代处理器进一步引入了诸如并行化、多核化、虚拟化以及远程管理系统等功能，不断推动着上层信息系统向前发展。

微型机结构简单、通用性强、价格便宜，在现代计算机领域中占有重要地位，并正以难以想象的速度向前发展。

二、计算机的特点

（一）运算速度快

当今计算机系统的运算速度已达到每秒万亿次，微机也可达每秒亿次以上，使大量复杂的科学计算问题得以解决。例如，卫星轨道的计算、大型水坝的计算、24 小时天气预报的计算等，过去人工计算需要几年、几十年，而现在用计算机只需几天甚至几分钟就可完成。

（二）计算精确度高

科学技术的发展特别是尖端科学技术的发展，需要高度精确的计算。计算机控制的导弹之所以能准确地击中预定的目标，是与计算机的精确计算分不开的。一般计算机可以有十几位甚至几十位（二进制）有效数字，计算精度可由千分之几到百万分之几，是任何计算工具所望尘莫及的。

（三）有逻辑判断能力

随着计算机存储容量的不断增大，可存储记忆的信息越来越多。计算机不仅能进行计算，而且能把参加运算的数据、程序以及中间结果和最后结果保存起来，以供用户随时调用；还可以对各种信息（如语言、文字、图形、图像、音乐等）通过编码技术进行算术运算和逻辑运算，甚至进行推理和证明。

（四）有自动控制能力

计算机内部操作是根据人们事先编好的程序自动控制进行的。用户根据解题需要，事先设计好运行步骤与程序，计算机十分严格地按程序规定的步骤操作，整个过程无须人工干预。

三、计算机的应用领域

计算机的应用领域已渗透到社会的各行各业，正在改变着传统的工作、学习和生活方式，推动着社会的发展。计算机的主要应用领域如下。

（一）科学计算（或数值计算）

科学计算是指利用计算机来完成科学研究和工程技术中提出的数学问题的计算。在现代科学技术工作中，科学计算问题是大量的和复杂的。利用计算机的高速计算、大存储容量和连续运算的能力，可以实现人工无法解决的各种科学计算问题。例如，建筑设计中为了确定构件尺寸，通过弹性力学导出一系列复杂方程，长期以来由于计算方法跟不上而一直无法求解。而计算机不但能求解这类方程，并且引起弹性理论上的一次突破，出现了有限单元法。

（二）数据处理（或信息处理）

数据处理是指对各种数据进行收集、存储、整理、分类、统计、加工、利用、传播等一系列活动的统称。据统计，80% 以上的计算机主要用于数据处理，这类工作量大面宽，决定了计算机应用的主导方向。数据处理从简单到复杂已经历了三个发展阶段，它们是：

I. 电子数据处理（Electronic Data Processing，简称 EDP）

它是以文件系统为手段，实现一个部门内的单项管理。

2. 管理信息系统（Management Information System，简称 MIS）

它是以数据库技术为工具，实现一个部门的全面管理，以提高工作效率。

3. 决策支持系统（Decision Support System，简称 DSS）

它是以数据库、模型库和方法库为基础，帮助管理决策者提高决策水平，改善运营策略的正确性与有效性。目前，数据处理已广泛地应用于办公自动化、企事业计算机辅助管理与决策、情报检索、图书管理、电影电视动画设计、会计电算化等各行各业。信息正在形成独立的产业，多媒体技术使信息展现在人们面前的不仅是数字和文字，也有声情并茂的声音和图像信息。

（三）辅助技术（或计算机辅助设计与制造）

计算机辅助技术包括 CAD、CAM 和 CAI 等。

I. 计算机辅助设计（Computer Aided Design，简称 CAD）

计算机辅助设计是利用计算机系统辅助设计人员进行工程或产品设计，以实现最佳设计效果的一种技术。它已广泛地应用于飞机、汽车、机械、电子、建筑和轻工等领域。例如，在电子计算机的设计过程中，利用 CAD 技术进行体系结构模拟、逻辑模拟、插件划分、自动布线等，从而大大提高了设计工作的自动化程度。又如，在建筑设计过程中，可以利用 CAD 技术进行力学计算、结构计算、绘制建筑图纸等，这样不但提高了设计速度，而且可以大大提高设计质量。

2. 计算机辅助制造（Computer Aided Manufacturing，简称 CAM）

计算机辅助制造是利用计算机系统进行生产设备的管理、控制和操作的过程。例如，在产品的制造过程中，用计算机控制机器的运行，处理生产过程中所需的数据，控制和处理材料的流动以及对产品进行检测等。使用 CAM 技术可以提高产品质量，降低成本，缩短生产周期，提高生产率和改善劳动条件。将 CAD 和 CAM 技术集成，实现设计生产自动化，这种技术被称为计算机集成制造系统（CIMS），它的实现将真正做到无人化工厂（或车间）。

3. 计算机辅助教学（Computer Aided Instruction，简称 CAI）

计算机辅助教学是利用计算机系统使用课件来进行教学。课件可以用著作工具或高级语言来开发制作，它能引导学生循序渐进地学习，使学生轻松自如地从课件中学到所需要的知识。CAI 的主要特色是交互教育、个别指导和因材施教。

（四）过程控制（或实时控制）

过程控制是利用计算机及时采集检测数据，按最优值迅速地对控制对象进行自动调节或自动控制。采用计算机进行过程控制，不仅可以大大提高控制的自动化水平，而且可以提高控制的及时性和准确性，从而改善劳动条件、提高产品质量及合格率。因此，计算机过程控制已在机械、冶金、石油、化工、纺织、水电、航天等部门得到广泛的应用。例如，在汽车工业方面，利用计算机控制机床、控制整个装配流水线，不仅可以实现精度要求高、形状复杂的零件加工自动化，而且可以使整个车间或工厂实现自动化。

（五）人工智能（或智能模拟）

人工智能是计算机模拟人类的智能活动，诸如感知、判断、理解、学习、问题求解和图像识别等。现在人工智能的研究已取得不少成果，有些已开始走向实用阶段。例如，能模拟高水平医学专家进行疾病诊疗的专家系统，具有一定思维能力的智能机器人，等等。

（六）网络应用

计算机技术与现代通信技术的结合构成了计算机网络。计算机网络的建立，不仅解决了一个单位、一个地区、一个国家中计算机与计算机之间的通信，各种软、硬件资源的共享，也大大促进了文字、图像、视频和声音等各类数据的传输与处理。

第二节 计算机系统组成

计算机系统由计算机硬件和软件两部分组成。硬件包括中央处理器、存储器和外部设备等；软件是计算机的运行程序和相应的文档。计算机系统具有接收和存储信息、按程序快速计算和判断并输出处理结果等功能。

计算机系统是按人的要求接收和存储信息，自动进行数据处理和计算，并输出结果信息的机器系统。计算机是脑力的延伸和扩充，是近代科学的重大成就之一。

计算机系统由硬件（子）系统和软件（子）系统组成。前者是借助电、磁、光、机械等原理构成的各种物理部件的有机组合，是系统赖以工作的实体。后者是各种程序和文件，用于指挥全系统按指定的要求进行工作。

自第一台电子计算机问世以来，计算机技术在元件器件、硬件系统结构、软件系统、应用等方面，均有惊人的进步，现代计算机系统小到微型计算机和个人计算机，大到巨型计算机及其网络，形态、特性多种多样，已广泛用于科学计算、事务处理和过程控制，日益深入社会各个领域，对社会的进步产生深刻影响。

电子计算机分数字和模拟两类。通常所说的计算机均指数字计算机，其运算处理的数据，是用离散数字量表示的。而模拟计算机运算处理的数据是用连续模拟量表示的。模拟机和数字机相比较，其速度快、与物理设备接口简单，但精度低、使用困难、稳定性和可靠性差、价格昂贵。故模拟机已趋淘汰，仅在要求响应速度快，但精度低的场合尚有应用。把二者优点巧妙结合而构成的混合型计算机，尚有一定的生命力。

计算机系统的特点是能进行精确、快速的计算和判断，而且通用性好，使用容易，还能联成网络。

①计算：一切复杂的计算，几乎都可用计算机通过算术运算和逻辑运算来实现。

②判断：计算机有判别不同情况、选择不同处理方式的能力，故可用于管理、控制、对抗、决策、推理等领域。

③存储：计算机能存储巨量信息。

④精确：只要字长足够，计算精度理论上不受限制。

⑤快速：计算机一次操作所需时间已小到以纳秒计。

⑥通用：计算机是可编程的，不同程序可实现不同的应用。

⑦易用：丰富的高性能软件及智能化的人机接口，大大方便了使用。

⑧联网：多个计算机系统能超越地理界限，借助通信网络，共享远程信息与软件资源。

硬件系统主要由中央处理器、存储器、输入/输出控制系统和各种外部设备组成。中央处理器是对信息进行高速运算处理的主要部件，其处理速度可达每秒几亿次以上操作。存储器用于存储程序、数据和文件，常由快速的主存储器（容量可达数百兆字节，甚至数 G 字节）和慢速海量辅助存储器（容量可达数十 G 或数百 G 以上）组成。各种输入/输出外部设备是人机间的信息转换器，由输入/输出控制系统管理外部设备与主存储器（中央处理器）之间的信息交换。

软件分为系统软件、支撑软件和应用软件。系统软件由操作系统、实用程序、编译程序等组成。操作系统实施对各种软硬件资源的管理控制。实用程序是为方便用户所设，如文本编辑等。编译程序的功能是把用户用汇编语言或某种高级语言所编写的程序，翻译成机器可执行的机器语言程序。支撑软件有接口软件、工具软件、环境数据库等，它能支持用机的环境，提供软件研制工具。支撑软件也可认为是系统软件的一部分。应用软件是用户按其需要自行编写的专用程序，它借助系统软件和支撑软件来运行，是软件系统的最外层。

一、计算机系统分类

计算机系统可按系统的功能、性能或体系结构分类。

（一）专用机与通用机

早期计算机均针对特定用途而设计，具有专用性质。20 世纪 60 年代起，开始制造兼顾科学计算、事务处理和过程控制三方面应用的通用计算机。特别是系列机的出现，标准文本的各种高级程序语言的采用，操作系统的成熟，使一种机型系列选择不同软件、硬件配置，就能满足各行业大小用户的不同需要，进一步强化了通用性。但特殊用途的专用机仍在发展，例如连续动力学系统的全数字仿真机、超微型的空间专用计算机等。

（二）巨型机、大型机、中型机、小型机、微型机

计算机是以大、中型机为主线发展的。20 世纪 60 年代末出现小型计算机，70 年代初出现微型计算机，因其轻巧、价廉、功能较强、可靠性高，而得到广泛应用。70 年代开始出现每秒可运算 5000 万次以上的巨型计算机，专门用于解决科技、国防、经济发展中的重大课题。巨、大、中、小、微型机作为计算机系统的梯队组成部分，各有其用途，都在迅速发展。

（三）流水线处理机与并行处理机

在元件、器件速度有限的条件下，从系统结构与组织着手来实现高速处理能力，成功地研制出这两种处理机。它们均面向 $a_i\ \theta\ b_i=c_i$（$i=1, 2, 3, \cdots, n$；θ 为算符）这样一组数据（也叫向量）运算。流水线处理机是单指令数据流（SISD）的，它们用重叠原理，用流水线方式加工向量各元素，具有高加工速率。并行处理机是单指令流多数据流（SIMD）的，它利用并行原理，重复设置多个处理部件，同时并行处理向量各元素来获得高速度（见并行处理计算机系统）。流水和并行技术还可结合，如重复设置多个流水部件，并行工作，以获得更高性能。研究并行算法是提高这类处理机效率的关键。在高级程序语言中相应地扩充向量语句，可有效地组织向量运算；或设有向量识别器，自动识别源程序中的向量成分。

一台普通主机（标量机）配一台数组处理器（仅做高速向量运算的流水线专用机），构成主副机系统，可大大提高系统的处理能力，且性能价格比高，应用相当广泛。

（四）多处理机与多机系统、分布处理系统和计算机网

多处理机与多机系统是进一步发展并行技术的必由之路，是巨型、大型机主要发展方向。它们是多指令流多数据流（MIMD）系统，各机处理各自的指令流（进程），相互通信，联合解决大型问题。它们比并行处理机有更高的并行级别，潜力大，灵活性好。用大量廉价微型机，通过互联网络构成系统，以获得高性能，是研究多处理机与多机系统的一个方向。多处理机与多机系统要求在更高级别（进程）上研究并行算法，高级程序语言提供并发、同步进程的手段，其操作系统也较为复杂，必须解决多机间多进程的通信、同步、控制等问题。

分布系统是多机系统的发展，它是由物理上分布的多个独立而又相互作用的单机，协同解决用户问题的系统，其系统软件更为复杂（见分布计算机系统）。

现代大型机几乎都是功能分布的多机系统，除含有高速中央处理器外，有管理输入/输出的输入/输出处理机（或前端用户机）、管理远程终端及网络通信的通信控制处理机、全系统维护诊断的维护诊断机和从事数据库管理的数据库处理机等。这是分布系统的一种低级形态。

多个地理上分布的计算机系统，通过通信线路和网络协议，相互联结起来，构成计算机网。它按地理上分布的远近，分为局部（本地）计算机网和远程计算机网。网络上各计算机可共享信息资源和软硬件资源。订票系统、情报资料检索系统都是计算机网应用的实例。

（五）诺依曼机与非诺依曼机

存储程序和指令驱动的诺依曼机迄今仍占统治地位。它顺序执行指令，限制了所解问题本身含有的并行性，影响处理速度的进一步提高。突破这一原理的非诺依曼机，就是从体系结构上来发展并行性，提高系统吞吐量，这方面的研究工作正在进行中。由数据流来驱动的数据流计算机以及按归约式控制驱动和按需求驱动的高度并行计算机，都是有发展前途的非诺依曼计算机系统。

二、计算机系统工作流程

①通过系统操作员建立账号，取得使用权。账号既用于识别并保护用户的文件（程序和数据），也用于系统自动统计用户使用资源的情况（记账付款）。

②根据要解决的问题，研究算法，选用合适的语言，编写源程序，同时提供需处理的数据和有关控制信息。

③把②的结果在脱机的专用设备上放入软磁盘，建立用户文件（也可在联机终端上进行，直接在辅助存储器中建立文件，此时第4步省去）。

④借助软盘机把软盘上用户文件输入计算机，经加工处理，作为一个作业，登记并存入辅助存储器。

⑤要求编译。操作系统把该作业调入主存储器，并调用所选语言的编译程序，进行编译和连接（含所调用的子程序），产生机器可执行的目标程序，存入辅助存储器。

⑥要求运算处理。操作系统把目标程序调入主存储器，由中央处理器运算处理，结果再存入辅助存储器。

⑦运算结果由操作系统按用户要求的格式送外部设备输出。

计算机内部工作（④—⑦）是在操作系统控制下的一个复杂过程。通常，一台计算机中有多个用户作业同时输入，它们由操作系统统一调度，交错运行。但这种调度对用户是透明的，一般用户无须了解其内部细节。

用户可用一台终端，交互式地控制③—⑦的进行（分时方式），也可委托操作员完成③—⑦，其中④—⑦是计算机自动进行的（批处理方式）。批处理方式的自动化程度高，但用户不直观，无中间干预。分时方式用户直观控制，可随时干预纠错，但自动化程度低。现代计算机系统大多提供两种方式，由用户选用。

三、计算机操作系统

操作系统是方便用户、管理和控制计算机软硬件资源的系统软件（或程序集合）。

从用户角度看，操作系统可以看成是对计算机硬件的扩充；从人机交互方式来看，操作系统是用户与机器的接口；从计算机的系统结构看，操作系统是一种层次、模块结构的程序集合，属于有序分层法，是无序模块的有序层次调用。操作系统在设计方面体现了计算机技术和管理技术的结合。

操作系统是软件，而且是系统软件。它在计算机系统中的作用，大致可以从两方面体会：对内，操作系统管理计算机系统的各种资源，扩充硬件的功能；对外，操作系统提供良好的人机界面，方便用户使用计算机。它在整个计算机系统中具有承上启下的地位。

操作系统是一个大型的软件系统，其功能复杂，体系庞大。从不同的角度看的结果也不同，正是"横看成岭侧成峰"，下面我们通过最典型的两个角度来分析一下。

（一）从程序员的角度看

正如前面所说的，如果没有操作系统，程序员在开发软件的时候就必须借助复杂的硬件实现细节。程序员并不想涉足这个可怕的领域，而且大量的精力花费在这个重复的、没有创造性的工作上也使得程序员无法集中精力放在更具有创造性的程序设计工作中去。程序员需要的是一种简单的、高度抽象的可以与之打交道的设备。

将硬件细节与程序员隔离开来，这当然就是操作系统。

从这个角度看，操作系统的作用是为用户提供一台等价的扩展机器，也称虚拟机，它比底层硬件更容易编程。

（二）从使用者的角度看

从使用者的角度看，操作系统则用来管理一个复杂系统的各部分。

操作系统负责在相互竞争的程序之间有序地控制对 CPU、内存及其他 I/O 接口设备的分配。

假设在一台计算机上运行的三个程序试图同时在同一台打印机上输出计算结果，那么头几行可能是程序1的输出，下几行是程序2的输出，然后又是程序3的输出，等等。最终结果将是一团槽。这时，操作系统采用将打印输出送到磁盘上的缓冲区的方法就可以避免这种混乱。在一个程序结束后，操作系统可以将暂存在磁盘上的文件送到打印机输出。

从这种角度来看，操作系统则是系统的资源管理者。

I. 折叠构成

一般来说，操作系统由以下几部分组成。

（1）进程调度子系统

进程调度子系统决定哪个进程使用 CPU，对进程进行调度、管理。

（2）进程间通信子系统

负责各个进程之间的通信。

（3）内存管理子系统

负责管理计算机内存。

（4）设备管理子系统

负责管理各种计算机外设，主要由设备驱动程序构成。

（5）文件子系统

负责管理磁盘上的各种文件、目录。

（6）网络子系统

负责处理各种与网络有关的东西。

2.结构设计

操作系统有多种实现方法与设计思路，下面选取最有代表性的三种做简单叙述。

（1）整体式系统

这是最常用的一种组织方式，它常被誉为"大杂烩"，也可以说，整体式系统结构就是"无结构"。

这种结构方式下，开发人员为了构造最终的目标操作系统程序，首先将一些独立的过程，或包含过程的文件进行编译，然后用链接程序将它们链接成一个单独的目标程序。

Linux 操作系统就是采用整体式的系统结构设计。但其在此基础上增加了一些如动态模块加载等方法来提高整体的灵活性，弥补整体式系统结构设计的不足。

（2）层次式系统

这种方式则是对系统进行严格的分层，使得整个系统层次分明，等级森严。这种系统学术味道较浓，实际完全按照这种结构进行设计的操作系统不多，也没有广泛的应用。

可以这么说，现在的操作系统设计是在整体式系统结构与层次式系统结构设计中寻求平衡。

（3）微内核系统

微内核系统结构设计是近几年来出现的一种新的设计理念，最有代表性的操作系统是 Mach 和 QNX。

微内核系统，顾名思义就是系统内核很小，比如说 QNX 的微内核只负责：

①进程间的通信；

②低层的网络通信；

③进程调度；

④第一级中断处理；

⑤横向比较。

（三）服务器操作系统

1.Unix 系列：Unix 可以说是源远流长，是一个真正稳健、实用、强大的操作系统，但是由于众多厂商在其基础上开发了有自己特色的 Unix 版本，所以影响了整体。在国外，Unix 系统可谓独树一帜，广泛应用于科研、学校、金融等关键领域。但由于中国的计算机发展较为落后，Unix 系统的应用水平与国外相比有一定的滞后。

2.Windows NT 系列：微软公司产品，其利用 Windows 的友好的用户界面的优势打进服务器操作系统市场。但其在整体性能、效率、稳定性上都与 Unix 有一定差距，所以现在主要应用于中小企业市场。

3.Novell Netware 系列：Novell 公司产品，其以极适合于中小网络而著称，在中国的证券行业市场占有率极高，而且其产品特点鲜明，仍然是服务器系统软件中的常青树。

4.LINUX 系列：Linux 是一种自由和开放源码的类 Unix 操作系统。目前存在许多不同的Linux，但它们都使用了Linux内核。Linux可安装在各种计算机硬件设备中，从手机、平板电脑、路由器和视频游戏控制台，到台式计算机、大型机和超级计算机。Linux 是一个领先的操作系统，世界上运算最快的 10 台超级计算机运行的都是 Linux 操作系统。严格来讲，Linux 这个词本身只表示 Linux 内核，但实际上人们已经习惯了用 Linux 来形容整个基于 Linux 内核，并且使用 GNU 各种工具和数据库的操作系统。

四、计算机工作原理

计算机的基本原理是存储程序和程序控制。要预先把指挥计算机如何进行操作的指令序列（称为程序）和原始数据通过输入设备输送到计算机内存储器中。每一条指令中明确规定了计算机从哪个地址取数，进行什么操作，然后送到什么地址去等步骤。

（一）基本原理

计算机在运行时，先从内存中取出第一条指令，通过控制器的译码，按指令的要求，从存储器中取出数据进行指定的运算和逻辑操作等加工，然后再按地址把结果送到内存中。接下来，再取出第二条指令，在控制器的指挥下完成规定操作。依次进行下去，直至遇到停止指令。

程序与数据一样存储，按程序编排的顺序，一步一步地取出指令，自动地完成指令规定的操作是计算机最基本的工作原理。这一原理最初是由美籍匈牙利数学家冯·诺依曼（John von Neumann）提出来的，故称为冯·诺依曼原理。

（二）系统架构

计算机系统由硬件系统和软件系统两大部分组成。美籍匈牙利数学家冯·诺依曼奠定了现代计算机的基本结构，这一结构又称冯·诺依曼结构，其特点是：

第一，使用单一的处理部件来完成计算、存储以及通信的工作。

第二，存储单元是定长的线性组织。

第三，存储空间的单元是直接寻址的。

第四，使用低级机器语言，指令通过操作码来完成简单的操作。

第五，对计算进行集中的顺序控制。

第六，计算机硬件系统由运算器、存储器、控制器、输入设备、输出设备五大部件组成，并规定了它们的基本功能。

第七，采用二进制形式表示数据和指令。

第八，在执行程序和处理数据时必须将程序和数据从外存储器装入主存储器中，然后才能使计算机在工作时能够自动调整，从存储器中取出指令并加以执行。

（三）基本指令

计算机根据人们预定的安排，自动地进行数据的快速计算和加工处理。人们预定的安排是通过一连串指令（操作者的命令）来表达的，这个指令序列就称为程序。一个指令规定计算机执行一个基本操作。一个程序规定计算机完成一个完整的任务。一种计算机所能识别的一组不同指令的集合，称为该种计算机的指令集合或指令系统。在微机的指令系统中，主要使用了单地址和二地址指令，其中，第一个字节是操作码，规定计算机要执行的基本操作，第二个字节是操作数。计算机指令包括以下类型：数据处理指令（加、减、乘、除等）、数据传送指令、程序控制指令、状态管理指令，整个内存被分成若干个存储单元，每个存储单元一般可存放 8 位二进制数（字节编址）。每个在位单元可以存放数据或程序代码，为了能有效地存取该单元内存储的内容，每个单元都给出了一个唯一的编号来标识，即地址。

按照冯·诺依曼存储程序的原理，计算机在执行程序时须先将要执行的相关程序和数据放入内存储器中，在执行程序时 CPU 根据当前程序指针寄存器的内容取出指令并执行指令，然后再取出下一条指令并执行，如此循环下去直到程序结束指令时才停止执行。其工作过程就是不断地取指令和执行指令的过程，最后将计算的结果放入指令指定的存储器地址中。计算机工作过程中所要涉及的计算机硬件部件有内存储器、指令寄存器、指令译码器、计算器、控制器、运算器和输入／输出设备等，在后续的内容中将会着重介绍。

第四章　计算机教学模式

第一节　高校计算机教学模式

针对传统计算机教学模式在我国信息化人才培养过程中存在的诸多问题，通过比较系统提出了校企合作的新型计算机教学模式——实训模式，给出了一些可以借鉴的人才培养方案。

一、高职高专计算机教育的现状和问题

信息化关系到经济、社会、文化、政治和国家安全的全局，已成为未来发展的战略制高点，信息化水平是衡量一个国家和地区的国际竞争力、现代化程度、综合国力和经济成长能力的重要标志。

信息社会需要相应的信息化产业链，更需要具有高素质以及综合应用能力的信息化人才。这就要求我们国家大力培养信息化人才，而就目前来看人才的培养主要依靠高校。目前，我国的绝大多数高校都设有计算机方面相关的专业，这从一定程度上缓解的信息化人才的需求与人才培养之间的矛盾。

但是，随着近几年各高校的招生规模扩大，给高校的教学与管理带来不少的问题，给计算机教育带来的问题更大，特别是高职高专的计算机教育。

计算机教育问题出在哪里？通过分析主要有以下几方面。

（一）师资力量不够

师资队伍是保证教育质量的关键，随着招生规模的扩大，各高校都出现不同程度的师资短缺问题。这主要体现在两方面：

第一，师资的绝对数量不够。学生数增加后，虽然教师数量也增加了，但是增加的幅度远低于学生增加的幅度。再加上许多非计算机专业也开设了多门计算机相关课程，

致使计算机教师的教学任务过重，通常会达到16—18节 / 周，有的教师甚至超过20节 / 周。有不少学校为了减轻教师的课时压力，就采用上大课方式，一个班100人，甚至200人。这样的情况下，严重影响教学效果，教学质量又怎么能保证呢？

第二，师资的质量不高。学校规模扩大后，也进了不少新教师，有些还是硕士研究生，本来新教师开始要做几年的助教，但是，迫于教学任务的压力，都直接上岗了。在教学过程中，不少新教师要么教学内容安排不妥，要么教学方法和手段选择不当；另外一方面，老教师也难以跟上计算机发展的步伐，虽然他有丰富的教学经验，但是又难以胜任新技术课程的教学。

（二）设备条件不足

随着招生规模的扩大，许多高校都不同程度地出现设备条件跟不上的情况，对计算机专业来说更是这如此。

首先，计算机技术日新月异但配套设备陈旧。虽然扩招之后增加一些新的计算机设备，加上原有的旧机器，从数量上看也不少，可是，对计算机发展如此快的今天，旧的设备已经很难适应新的软件平台了，常常出现软件运行非常慢，甚至会使软件无法运行的情况，这样的环境如何能让学生做好实验呢？

其次，设备的任务太重。学生人数增加后，许多实验安排不过来，于是，就将一些实验课安排在晚上或周末。更关键的是同一个机房要完成的实验很多，有基础课实验、程序设计实验、多媒体实验等，甚至还有不同操作系统的实验，于是，在机器中安装了许多软件，有的还要装多个操作系统，这严重影响了计算机运行的速度。

这一点跟第一点意思差不多，最后，配套设备投入不足。学校为了更好地招生，就申请了更多的专业，可是相应的设备没跟上，使得原本任务繁重的实验室变得雪上加霜。

（三）教学内容、教材落后

解决问题的关键在于我们的教学能否帮助学生培养他们对计算机的兴趣。根据教育心理学的相关理论，兴趣是最好的教师，兴趣是学习的原动力，兴趣是迈向成功的钥匙；有了强烈的兴趣，学生才能够主动地去学习，在兴趣面前，各种枯燥的理论也都呈现出另一种面貌。

然而，看看我们的计算机教学内容和课程体系结构，虽然可选的教材很多，但是优秀的经得起实践检验的、真正使学生爱不释手的却不多。面对计算机科学这样理论性、实践性都比较强的学科，我们的教学还在采用以前漫灌式的教学模式，使用着故旧的教材编写模式，如此一来，一定程度上抹杀了学生对计算机的兴趣，使我们的信息化人才培养力不从心。

事实证明，培养学生实际动手能力的过程就是培养学习兴趣的过程，是我们搞好计算机学习的首要任务。学生通过实践对计算机技术产生兴趣是非常普遍的现象，我们应该有耐心也有责任引导他们走好计算机学习这关键的第一步。

二、实训模式下的计算机教育

（一）实训平台

IT 行业的重要特征就是群体性和流程化，很多学生毕业后难以适应公司群体文化和工作流程体系。为此，先构建实训平台，为实训工作提供基础保障。

实训平台分为：工作交流即时平台，可以采用 QQ 群方式；知识管理平台，把网络教程、相关资料等系统化、条理化，便于学生学习；交流平台，给学生提供交流场所，让他们自己做技术报告，做专题讲座，技术答疑；操作平台，配备专门的计算机实训机房，便于学生操作上机；教师辅导平台，邀请企业管理专家做专题讲座，交流行业发展状态、公司对学生的期待。

（二）实训流程

首先，根据项目报名分组；其次，进行项目基本知识和基础技能培训；再次，根据研发流程进行组织和管理；最后，进行总结，学生做心得交流，技术总结。

（三）实训原则

实训和一般课堂教学不同，是准商业管理，并且和管理素质规范的商业公司合作，以执行简单商业项目为目标。

一般课堂的知识学习、技能辅导等都应该围绕项目展开。因此，实训也有它的特点和原则。

首先，群体协作原则。这个是一般大学教育的弱项，在实训中群体协作是第一原则，我们通过实际的项目分工和协作，群体公关方式培养学生的群体协作精神。

比如，贯彻"个体失败群体失败""个体成功群体分享"，遇到问题延续：网络查询→群体咨询→请教教师的顺序，"每个人都有义务解答伙伴问题"原则；"在请求帮助之前认真思考，不能随便浪费他人时间"原则；发挥团队的作用，学会分享成果，分享痛苦，你懂了就要让一群人都懂，没有必要自己独享；同样，遇到困难也要学会表达，不要因为面子问题而不敢公开。

其次，学习创新原则。学习创新是 IT 行业的根本，培养学生的创新意识是基础。我们先从学生学习意识、创新方法、辩证哲学等角度培养学生的学习创新精神。

比如，对网络环境下的学习技巧进行培训和交流，让学生能够比较准确地利用互联网搜索引擎等实现自主学习，不要随便遇到问题就一筹莫展，充分利用网络。贯彻"问题要一分为二""要从多个角度考虑问题""从简单事情做起，从正确地方开始""遇到问题，首先就是回到正确的地方，把问题简单化、分解，回归正确的代码再开始，逐步加入新的代码"原则。

再次，工作流程化原则：培养学生的工作流程化意识，构建简单的"目标、计划、执行、调控、总结"商业流程，养成"定期交流工作，定时完成任务"的习惯。

最后，工作态度原则。作为程序员，需要有不骄不躁，坚忍不拔的精神；事物总是不断进化的，需要循序渐进的学习和工作作风，不要好高骛远，心浮气躁，遇到问题不要带上情绪，因为，计算机不会理会人的情绪，不要因为情绪而影响你的智商，产生情绪，进而让问题无法解决，又影响情绪，最后自己失去信心。

（四）实训管理

实训管理团队由教师和企业管理人员一起建构，尤其要发挥企业管理人员的积极性，吸取其丰富的管理经验，并要求定期给实训团队布置简单可行的商业任务，并做有关咨询和指导。教师应该和企业管理人员密切配合，理解商业公司对学生的基本要求，商业项目的管理规范，分析当前学生在实际项目中的缺点，并反馈到课堂教学中。

基本贯彻"企业搭台、教师导演、专家咨询、学生唱戏"的管理原则，当然，在实训中结合工作流程，应该要求学生严格按照项目工作流程和项目进展行动，"不是时间等人，而是人跟随时间"。

（五）实训总结

实训教学模式需要注意以下问题：选择好合作企业是关键，选准有管理水平，能够把项目进行有效分解，有技术和管理专家能为学生实际进行辅导的公司。

构建平台是实训成功的保障：没有一个顺畅的平台难以保证实训成功。

建立教师辅导团队是基础：企业把项目分解后，教师团队应该跟上，不然，就需要企业花费很大的商业成本而难以实现持久的商业执行动力。

实训需要和课堂结合：实训中，反映的问题，包括学生能力、知识弱点、课程设计等都应该进行即时的总结，并为课堂教学管理提供决策依据。

学生其实有巨大潜能：我们完成了不少商业项目，并能够培养出进入微软的实习生，极大地改变了学生对专业的认识，提高了学生的自信心，使学生满怀喜悦地走向社会。

实训过程中要注意的问题：实训教学模式的开展毕竟是和商业的软件开发公司或组织的合作，除了以上的问题外，高校应先摆正自己的立场，明确自己的任务和目标。高校与企业合作的目的是提高学生的团队合作、协同工作的能力，使学生尽早地接触商业开发，感受一线 IT 业的企业氛围，提高学生的适应能力，培养更多的社会满意、人民满意的高科技人才。所以，培养人才才是高校的最高目标。

实训的过程是一个分层次教育过程，培养掌握不同知识与深度的团队，围绕总体的教学目标与实训项目，高层的团队带领低层的团队，教师在其中负责协调引导、深层次问题的答疑解惑工作，这样才能够达到培养的可持续发展。

实训的过程也是一个学生知识结构、职业生涯脱胎换骨的过程，肯定会遇到很多的波折与困难，作为教师应该不断地鼓励、正确地引导、因材施教制订有效可行的培养方案，使学生对计算机的学习兴趣盎然，进一步激发自我潜能，实现学习方法与效果上质的飞跃。

构建网络教材平台，实现学习、咨询、实训一体化的实训管理平台。引入可持久发展的有一定难度的商业项目，提高实训成果的质量，这些项目可以不断复杂化，并能够让学生的成果更多转化为商业利益，维持商业公司进行实训投入的动力。实训和教学、就业更紧密地结合，让实训成为"教学成果检验场，就业工作体验场，补缺补漏学习场"。

第二节　网络环境下计算机教学模式

计算机网络是一种传递信息的基本媒介工具，同时也是一个对学习过程具有巨大效应的教育学习系统，能为学生营造一个探索发现的学习环境，提供非常丰富的学习资源，从而使学习资源由传统的课本、印刷材料扩展到丰富的网络资源，对网络资源进行充分利用，将网络软硬件资源转化成课堂教学资源，应用于计算机教学的组织实施过程当中，可以优化教学过程，改进教学方式，培养学生的自主性和研究性学习习惯。

一、网络教学的优势

（一）网络教学具有时空的适应性和教育的开放性

网络教学不受时空限制，在教学时间上，由于采用了现代教育技术，突破了固定教学时间的限制，与面授教育相比，可以扩大教学规模，为更多的学生提供更多的学习机会，从而降低学生的人均学习费用，为加速人才培养提供了可能。

计算机网络具有强大的采用文字、声音、图表、视频、动画等多媒体形式表现的信息处理功能，包括制作、存储、自动管理和远程传输。将多媒体信息表现和处理技术运用于网络课程讲解和知识学习各个环节，使网络教学具有信息容量大、资料更新快和多向演示、模拟生动的显著特征，这一点是有限空间、有限时间的传统教学方式所无法比拟的。

网络环境为学习者提供了巨大的空间。在信息化的社会中，信息决定着我们的生存已是不争的事实。信息技术在教育领域的运用是导致教育领域彻底变革的决定性因素，它必将导致教学内容、手段、方法、模式以及教学思想、观念、理论，乃至体制的根本变革。

（二）网络教学具有学习模式的灵活性

网络教学方便了学生在课余时间的自主学习，由于每门课程的课时有限，教师不可能在课堂上细讲每一个章节、每一个问题。课程上网后，学生可根据自己的具体情况浏览网上的教学内容，弥补自己所学的不足，还可以阅读大量的参考资料，开阔视野。

网络教学既保留了传统教学的优点，又打破了现有的课堂教学形式，有利于建立以学生为主体的学习方式。学生可以根据自己的特点和兴趣自行选择课程内容、学习进度与学习方式，体现了学生的主体性，有利于培养独立的学习能力与创新精神。

（三）网络教学具有交互性

这是传统教育模式所无法比拟的。这是因为网络教学的"智能课件"可以使学生减少一些孤独感，课件给予他们的实时反馈使他们感受到互动性，给他们的感官带来新的输入信息，激励他们进行新的思考。

多媒体和网络技术提供界面友好、形象直观的交互式学习环境有利于激发学生的学习兴趣和协商会话、协作学习，促进其认知主体作用的发挥。人机交互是多媒体计算机系统的显著特点，是其他任何媒体设备所不具备的。

多媒体系统把电视机所具有的视听合一功能与计算机的交互功能结合在一起，产生出一种新的图文并茂的、丰富多彩的人机交互环境，而且可以实现即时信息反馈。这样一种交互方式对于教学过程具有重要意义，它能使学习者产生强烈的学习欲望，从而形成学习动机。同时，多媒体系统的这种交互性还有利于发挥学习者的认知主体作用。

（四）网络教学具有可重用性

面授教育中教师的语言是不能随时间而保留下来的，如果学生没听懂或没记住，他不可能把教师的话像录音带一样再重复听一次。网络教学中的课件可重复播放、重复使用，学生在关键处可揣摩多次。教师面对众多学生的问题可能疲于应付，课件的重复使用减轻了教师的压力。

（五）网络教学有利于协作式学习

传统 CAI 只是强调个别化教学，但是随着认知学习理论研究的发展，人们发现只强调个别化是不够的，对培养高级认知能力（例如对疑难问题求解，或是要求对复杂问题进行分析、综合、评价等）而言，采用协作式教学往往能取得事半功倍的效果。所谓协作式教学，即要求为学习者提供对同一问题用多种观点进行观察比较和分析综合的机会，通过"协商""辩论""会话"等方式进行"意义建构"，并自然地达成共识。

二、网络环境下的交互式计算机教学模式

基于 Web 的教学定义为：基于 Web 的教学是利用包含 WWW 各种特性和资源的超媒体教学程序来创造一种有意义的学习环境。网络教学主要有超时空性、来源多元化、双向互动、实时交互、信息表达方式多样化、学习方式自主化、教学个性化、远程管理自动化等优点，同时又存在学习过程中交互性不足、学生归属感不强、教学评价不统一等问题。

当前，在网络环境中，教学内容枯燥、交互不足为计算机网络教育模式存在的最大问题。目前，多数计算机网络教学资源以展示为主，学生只是阅读放在网上的资料，互动性比较差。由于教师在教学过程中难以估测学生的反应而引起师生互动和生生互动的不足和低效，使得网络教学质量的提高受到影响，而这些问题都可以通过在学习过程中加入互动技术来解决。

在这里，将互动式网络教学定义为：互动式网络教学是互动式课堂教学在互联网环境下的发展和延伸，是互动教学与普通概念上的网络教学相结合的产物。其特点是依托目前最先进的网络和多媒体技术，真正实现教与学过程中的实时互动，其实质是信息传播的过程。互动式网络教学具有互动性、和谐性与平等性、动态发展性、生动性和现实性、传播综合性等特点，在真实的互动教学课堂中融入"虚拟课堂"的元素，使教学具有灵活性、互动性、先进性和开放性，以现有的人力、物力条件，最大限度地发挥学生的主体性，力争获得最佳教学效果。

SOA 是面向对象分析与设计和体系结构、设计、实现与部署的组件化的一种合理发展，它的本质是一种设计软件系统的方法，能够满足互动式网络教学对互动性的要求，而且 SOA 可以基于现有的系统投资来发展，不需要彻底重新创建系统，可以充分利用已有的网络教学资源，与平台和具体服务的实现无关。

基于上述考虑，本书认为遵循 SOA 框架的互动式网络教学系统是今后的发展趋势。开展基于网络环境的交互式计算机教学模式，要注意以下方面的问题。

第一，开展网络教学，需要相关的资源，主要包括平台、资源与服务。平台是实施

教学的前提，是资源与教学活动的载体，包括网络教学支撑软件系统与服务器等硬件系统，以及支持网上教学的各种工具。

在各学校普遍重视校园网建设的今天，平台要求已经基本满足。资源包括素材、讲义、课件以及网络上能够搜集到的各种资料。服务是保障网络教学成功实施的必要条件，包括教师对学生的学习指导与帮助，也包括技术人员对教学提供的技术服务。

第二，开展网络教学对教师提出了更高的要求，包括现代教育观念、信息素养、网络教学设计能力、教学监控能力等。当前计算机教师绝大多数毕业于正规高校，在计算机基础、教学能力等方面基本能够达到上述要求。

第三，网络教学对学生素质也提出了更高的要求，如计算机基础知识和应用能力、行为自控能力、网络交互能力、基于网络的研究能力等。随着计算机的普及以及计算机教育的开展，绝大部分学生均具备了计算机基础知识和应用能力，但在行为自控能力、基于网络的研究能力等方面需要经过教师和学校的引导培训。

三、网络环境下的情境式计算机教学模式

情境式教学是目前较为流行的一种教育模式，在这种教育模式中，学习者是学习过程的原动力，学习者将根据个体原有经验进行知识建构，而教育工作者的职责就是为学习者创设进行情境学习的环境。

总体来讲，情境式教学模式主要有三方面的特点，即关注内部生成、"社会性"学习、"情境化"学习。将情境式教学思想运用于计算机教学实践非常具有挑战性，在具体的教学实践过程中，教师应该更多地从应用的角度出发，讲授有关的原理、概念和计算机基础知识，从学生需求的角度出发，从而提高学生的学习积极性，消除学生对计算机的陌生感和畏惧感，在教学模式的选择上，除了使用传统的讲述法和演示法等方法外，还要加强"情境式"教学法的使用，强调各种方法之间的相互联系、相互作用，以确保教学效果。

在实施情境式教学模式时，应该充分注意不同学生接受能力的差异性，并让学生能够灵活适应新问题和新情境，学习情境对提高学生的迁移能力至关重要。个体实践操作有助于学生通过实践学习应用的条件：对日常环境的分析可以提供重新思考的机会，对问题的抽象表征也可以促进迁移。

另外，情境式教学的特色在于实现学生学习的及时反馈，除了形成性评价和总结性评价，培养学生"监控和调整自己学习的能力"，是促成学生反思性学习的中心工作。尽管情境式教学至今没有十分完整且实用的教学理论和实践体系可供我们使用，但我们必须关注这一新颖的教学模式，在计算机教学中应该注重"过程"和"目标"的结合。

采用"情境式"教学模式，改变了过去那种教师照本宣科、学生被动接受的状况，充分体现出个性化学习的好处，通过创新实践促进学生的个性培养。

四、网络环境下的研究式计算机教学模式

研究式教学模式是指学生在教师的指导下，结合课程教学，从学习、生活和社会活动中选择确定研究专题，以独立或小组合作的形式进行类似科学研究的方式，主动地获取知识、应用知识，发现问题、解决问题的学习活动。它是以培养学生的创造精神和创造能力为目标，以探究学习为核心，体现指导与自主、规定与开放、统一与多样、理论与实践有机结合的教育指导思想。

研究式教学模式目的在于引导学生改变学习方式，通过自主性、研究性的学习和亲身实践，获取多种直接经验，掌握基本的科学知识与方法，提高综合运用所学知识解决实际问题的能力。

随着计算机网络技术的不断发展，教育资源的不断扩大，学生将从大量烦琐的基础性学习活动中解脱出来，学习过程中的操作技能得到了有效加强，认知能力和操作技能可同步发展。同时教师也可以通过教育资源把教学重心从"教"转移到"学"，逐步实现从以"教师为主导"到以"学生为主体"的教学模式的过渡。

研究式教学模式应突出以学生为中心，坚持在运用中学习、在探索中创造。在实施研究式计算机教学过程当中，应该注意以下问题。

（一）了解计算机学科的前沿知识

一切研究活动都是建立在已有认识和实践基础之上的，在具体的研究学习过程中，要注意分析前人的研究成果和别人的研究状况，了解他们的研究进展，在吸收别人研究成果的基础上，就可达到事半功倍的效果。同时，它也有利于培养学生的科研意识，激发其研究兴趣。

（二）重视计算机基础知识的学习

对处于计算机知识学习阶段的学生来说，引导他们从事研究活动更要强调和突出知识的基础性作用，作为基础性和前提性的知识，学生务必首先掌握。

（三）注重创造性思维的培养

计算机知识的积累固然重要，但运用这些积累起来的知识更为重要。知识运用的过程就是思维训练的过程，如果知识不能转化成能力，就无法使思维得到训练，难以内化为个人的素质，只有不断地运用所学知识分析和解决一些现实问题，才有助于知识的巩固、方法的掌握和能力的提高。为此，教师应积极引导学生，为各种学习活动注入研究性内容。

（四）注意研究式学习方法

学习方法是将知识转化成能力的桥梁，必须重视对学习方法的掌握，如果没有学到获取知识、运用知识和创造知识的方法，则无法运用此学习模式。教师应在教学中广泛运用各种案例或现身说法，诱导学生注重方法的学习和掌握，这种启发性的教学方式对学生的研究性学习至关重要。

第三节 中职计算机教学模式改革

计算机基础已成为中等职业学校各类专业学生必修的一门基础学科，是学生踏入社会必备的技能之一。随着信息时代的快速发展，计算机及其应用技术正以极快的速度朝网络化、多功能化、行业化方向发展。计算机已广泛应用于各行各业，这就使得计算机应用成为现代中职学生不可缺少的基本技能。怎样使中职学校的学生具备完整的计算机应用能力，如何更好地提高学生的计算机应用水平和操作技能，使其更好地适应社会发展需求，是现今计算机基础教学改革探讨的重点所在。

一、中职学校计算机专业教学的现状及存在的问题

计算机的应用正以极快的速度朝着网络化、多功能化、行业化方向发展。由于计算机发展速度很快，与之相应的计算机应用教育显得相对滞后，与社会的需求有一定的差距，许多行业化、专业化的计算机应用人才相对不足。

中职学校计算机专业的学生，应该是社会对计算机应用人才的需求比例中最大的一部分，而现在职业学校的学生的认知能力使得他们不能进行高深的理论研究，这就要求他们必须提高自已的实践能力和动手能力。

计算机专业是目前各种专业中，知识变化最多、更新最快的一个专业，一些计算机专业的教师出于各种原因对计算机新知识、新软件缺乏必要的学习和了解，知识和观念落后于形势的发展，这会导致无法提高计算机教学水平、提高学生质量。

同时缺少一些名企对职业教育的参与，缺少具有工程实践经验的技术人员对职业教育的直接指导。因此必须增加现场实践教学环节，加强同企业的联系，充分利用企业的工程技术优势，为培养学生的专业技能和就业能力提供良好的条件。

二、中职计算机教学模式改革

近几年，随着高等学校的进一步扩招，中等职业学校的生源质量逐步下降，社会对计算机专业人才的要求也越来越高，导致中职学校计算机专业教学不适应社会需要和存在很多问题。因此，必须进行教学模式改革。

（一）中职学生的特点及市场需求变化

信息时代，社会各个行业都需要既懂得技术又能够具体操作的高素质计算机专业劳动者。中专毕业生应当具备基础文化知识、专业技术知识、相关适应岗位变化的储备知识以及从事本专业的岗位操作能力、初步管理能力等，所以中职学校在课程体系上要注重基础性和实用性。

但随着高校和高中的扩招，素质相对较低的学生才进入中专进行技能培养。这些学生自身的学习习惯较差，学习积极性不高，就业一般在民营企业和合资企业，甚至有的学生会因专业技能不强，而不能适应社会对他们的要求。

（二）职业学校计算机教学改革思路

中等职业学校计算机专业的教学以传授应用知识为主，强调实践操作与应用，注重培养学生利用计算机解决各种技术问题的意识，培养学生的自学能力和创造性学习的能力。为此，在课程教学模式上要进行改革，努力探索适合现代化教学要求的具有中等职业教育特色的计算机教学模式。

I. 重视专业课程教学模式的创新

在计算机教学中，要逐步改变旧的教学模式。教师的主要职能由"教"变为"导"，教师的职责已经不可能再是单纯地传授知识，教师的任务更多地体现在"导"上，帮助学生确定适合个体需要和个体实际的学习目标，创设丰富的教学情景，激发学生获取知识和能力的动机，培养健康的兴趣，发展学生认知、判断、选择各种能力，养成良好的学习习惯，塑造高尚的道德、健全的人格和健康的心理。应主动建立知识和能力结构的教学模式，从而提高学生的学习质量，并具备一定的可持续发展的能力。

2. 计算机专业的教学要与就业相结合

为了提高学生的职业能力和知识应用能力，职业学校要按照行业企业对技能型人才的实际要求来安排文化基础课程，在教学中要与行业、企业的人才需求相对接，以理论带动实践，引导学生对相关课程进行深入学习。在引导学生的时候要特别注意结合当前社会实际。比如，学习 Word 的时候就要注意教学生一些文印店或是办公室常见的文档排版或是表格制作，而不只是简单地改变字体大小、字体颜色等最基础的内容。

只有在教学的时候与社会就业实际需求接轨，学生理解了自己所学的内容有什么用处，可以用在哪里，对自身就业有哪些帮助，才更容易激发学生自主学习的兴趣，进而给自己树立一个学习目标。

3. 采用目标教学法和考教分离相结合的教考体系

计算机教学要按模块逐一实施，把每一模块教学的任务、内容、目标等逐条列出，每一项目标都要有配套的训练习题、指导材料和时间、速度要求等。学生的学习活动必须与任务或问题相结合，学生带着真实的任务去学习，让学生学有目标，练有方法。

要逐步探索通过参加全省计算机水平等级考试及职业技能鉴定考核，以获取相应模块职业资格等级证书为标准来评价学生的能力，从而实现考教分离；要通过在专业学习中应用计算机技术的实际情况，来检验学生计算机的应用水平，从而实现考评分离，有效地促进学生计算机应用能力及综合素质的提高。

（三）中职计算机基础教学改革措施

I. 开发校本教材，达到因材施教、因地制宜的效果

首先，要根据学生的生理、心理特点结合社会需要，开发校本教材，使教材跟上时代步伐。其次，教材应与实践操作相呼应。中职学校的计算机基础教材应是理论和优秀适用的练习素材的结合。因为一本好的上机练习册，既能锻炼学生解决问题的能力，又能提高他们的技能水平，从而提高他们的信息素养。

2. 发动师生多参加社会实践，及时完善知识技能

21世纪中职计算机教学面临着严峻的挑战，及时完善知识才不至于被社会淘汰。因为计算机专业知识太广，更新速度太快，逼迫我们必须不断提高自己的业务水平。而社会是最好的学校，通过校企合作、单位实习等手段，可强化学校和社会之间的联系，从而保证教授、学习的内容不与社会需求脱节，从而达到培养高素质的实用型人才的目的。

3. 针对个体差异，实现分类教学

因学生之间差异性明显，教学中一定要充分考虑到学生的个体特点。教学目标上，我们可以设置基础类和提高类两个不同的教学目标。以 Microsoft word 为例，基础类要求学生熟练运用文字处理的基本知识、基本技能；提高类则在实现基础类的基础上，灵

活运用所学知识和技能，举一反三，解决实际问题。这样既能充分照顾学生的个体差异，又能充分发挥他们学习的主动性和积极性。

4. 加强实践教学环节，改革考核评价方法

计算机基础课程是一门实践性非常强的学科，仅凭期末试卷来检验学生的学习效果，并不能完全反映学生的实际能力。计算机基础课的考核方法可以通过以下几方面进行改革：首先，进行模块化考试，即每学完一个模块及时考核，从而掌握学生的学习情况；其次，利用实践活动进行考核，如制作电子校报、电脑创新设计等，完成良好者进行分数奖励；最后，期末考核实现理论和实践相结合的方式。

5. 采用灵活多样的教学模式和教学方法，实现多方位互动

如采用任务驱动教学模式。任务驱动教学模式就是把教学内容分解成一个个的任务，让学生在探究任务过程中主动实践、思考、解决问题，这就改变了以往"教师讲，学生听"以教定学的被动教学模式。学生在完成任务的过程中，教师只是点明解决问题的思路和线索，解决问题的最佳答案让学生通过探究和协作两种方式来寻找。这样可以加深学生对知识的理解和记忆，调动他们学习的积极性。

第四节　高职计算机教学模式和方法的改革

一、高职计算机教学模式的探索

从高职的培养目标和职业对高职人才知识结构的需求出发，以"精理论、多实践、重能力、求创新"为指导思想，以加强学生动手能力和创新能力的培养为主线，进行高职计算机基础课程模式的改革，充分调动学生的学习积极性和创造性，提高高职教育教学质量，增强高职学生的就业竞争力。

（一）深化计算机教材模式改革，突出高职特色

教材是教师实施教育教学计划的重要载体和主要依据，是学生获取知识、发展能力的重要渠道，也是考核教学成效的重要依据。所以，高职教材改革必须突出它的职业

性、实践性、适应性、科学性和先进性。高职计算机教材建设应与当前高职教育改革相适应，与高职人才的培养目标和职业对人才需求的知识结构相适应，将先进的教育教学思想，计算机科学技术的新发展、新软件等反映到新教材中。

教材模式改革必须坚持以素质教育为核心，以就业上岗能力培养为重心，以技能训练为特色的指导思想。理论叙述体系要反映学生的认识规律，从最基本的概念和知识出发，对于某一模块最好采用完整的案例引入知识和理论，使学生带着实际问题，从模块整体知识考虑，将问题用模块的局部知识逐层分解处理，以培养学生分析与解决实际问题的能力。

（二）注重能力培养，全面提高学生素质

为了使高职学生具有较强的动手能力和创新能力，必须十分重视学生能力的培养。这里所说的能力除了包括计算机软件的操作能力外，还包括学生自学能力和创新能力。理论教学和教材建设应特别注意用系统工程的观点统率具体的计算机知识，使学生在学习计算机知识的同时能开阔眼界，从方法论的角度有所收获，从而提高学生的自学能力。

（三）以职业需求为目标，深化计算机基础课程教学模式改革

在高职教育中，应以"能力本位"为指导思想，坚持计算机基础课程的实施性教学计划，在参照教育部各专业计算机基础教学大纲的基础上，针对职业岗位对人才的计算机知识、能力、素质的具体要求进行编排，建立较为完整、科学的理论教学体系和实践教学体系。

21 世纪社会是信息的社会，获取、处理和利用信息的能力已成为人类生存的基本能力。所以，在计算机教学和教材中必须从学生运用信息工具、主动获取信息、善于处理信息、利用信息进行学习和信息的创新能力等方面加强学生信息能力的培养，以提高学生的自学能力和毕业后对就业岗位更新的可持续发展能力。

（四）灵活结合教材，激发学生创新思维

计算机课程具有灵活性、实践性、综合设计性较强的特征，在教学中，教师要结合教材，大胆进行教学设计，注重激发学生创新思维，以培养学生的创新能力。

在课堂教学过程中，计算机教师要在激发学生创新意识的基础上，加强培养学生发现问题、提出问题和解决问题的能力。不同层次学生的探索和创新欲望不同，在教学中利用新旧知识的联系，提出需要解决的问题，并设计一系列具有启发性的问题。在进行课程综合设计时，教师要充分挖掘培养与训练创新能力方面的内容，提出恰当的计算机综合设计课题，这些课题应满足如下要求：一要有适当难度；二要在教和学方面富有探

索性；三要能培养与训练学生的创新能力。在综合设计中要启发学生自己发现问题，自己解决问题，使学生逐步养成独立获取知识和创造性地运用知识的习惯。

总之，利用计算机教学中的创造教育的因素，大胆地让学生自由发挥，挖掘其潜在的创造因子。依据教材改革课堂结构，优化教学设计，以先进理论来展现全新的教学思路，让学生创新思维与个性长足进步，从而实现学生的全面素质的提高。

二、高职计算机教学模式的改革

在高职教育中，要以"能力本位"的指导思想，针对职业岗位群对应用计算机人才的知识、能力、素质的具体要求，建立较为完整、科学的计算机理论教学体系和实践教学体系。

因此，深化高职计算机教学的改革，必须从高职计算机教学模式、教学方法和教材模式改革入手。高职计算机课程教学必须在以知识学习、技能训练和能力培养"三结合"的课程结构模式下，实施"懂理论、多实践、重能力、求创新"的高职计算机课程培养模式。只有按照这种培养模式进行教学，才能使计算机教学适应多元、多变的高新技术的不断发展，适应社会对计算机人才的需要，促进高职计算机专业学生的全面发展。

改革理论课程教学，培养基础扎实、可持续发展的人才。高职计算机专业的学生必须掌握一定的基础理论，这样可以在理论的指导下进行实践活动，提高实践活动的质量，使学生今后掌握新技术、新知识，顺利解决实际问题成为可能，使高职学生成为可持续发展的人才。

改革实践课程教学，培养具有创新能力的应用型人才。教学模式改革现在普遍采用的教学模式是教师先在多媒体教室结合实例演示讲解知识要点，然后学生在机房上机实践、练习。但对于一些操作性较强的计算机课程，这种授课方式效果不是很理想。

教学方法和方式改革主要有以下几方面。

（一）采用项目教学法

项目教学就是把教学目标隐含在一个个项目中，使学生通过完成项目任务达到掌握所学知识的目的，创建真实的教学环境，让学生带着真实的项目任务学习，学生必须拥有学习主动权，教师不断地提出问题并激励学生。

（二）采用启发式教学法

启发式教学法提倡教师从案例出发，将课程内容提炼出来，以问题形式交给学生，不要过早给出结论，启发学生思考，以学生为主体，通过学习教材、查阅资料、相互讨论等多种形式，达到对问题的充分认识，找到解决问题的方法，最后在教师的指导下，圆满解决问题。

（三）采用"考证促学"方式

随着计算机技术的发展和不断应用普及，各行各业对高职毕业生的要求不再停留在毕业证书上，还要求高职毕业生必须具有国家权威部门颁发的计算机操作等级证书和其他专业技术资格证书。因此，高职计算机教学模式的改革应该走学历教育、综合技能训练和资格证书教育相结合的道路。

实践证明，结合社会职业需要且与资格证书考试相适应的教学及实训对于引导学生自学将起到重要作用，对系统地启发学生思考、引发学习兴趣、检验学习效果也会起到积极的促进作用。

（四）采用互动式教学法

教育应该以人为本，以学生为中心，在机房现场教学模式中，教师应通过交互式课件的演示，积极引导学生"动"起来，充分调动学生学习的积极性、主动性和创造性，变被动接受知识为主动获取知识。这样有利于学生更好地掌握专业知识，培养学生的专业能力，又能培养学生的参与意识和沟通表达能力。

（五）改革教材模式，突出高职特色

教材作为教学过程中的要素之一，是学生获取知识、发展能力的重要渠道，也是考核教学成效的重要依据。高职教材改革必须突出职业性、实践性、适应性、科学性与先进性。教材模式改革必须坚持以能力教育为核心，以技能训练为特色的指导思想。其内容的变革应与启发式教学、项目教学相适应，按"项目教学"体系编排计算机教材，以一个个设计好的项目教学任务为主线组织教材。

引导学生边看书边操作，由简到繁、由易到难地完成相关的项目教学任务。在完成项目的过程中，适时向学生介绍需要掌握的知识、方法，使学生由机械地模仿软件操作的学习方式转变为在完成教师布置的项目教学任务的活动过程中灵活地学习，培养学生分析与解决实际问题的能力。

（六）加强课外实践环节的教学

课外实践环节包括实训、毕业实习、毕业设计和各种社团活动等环节。当今社会是信息的社会，获取、处理和利用信息的能力已成为人类生存的基本能力。所以，计算机教学和教材必须从学生运用信息工具、主动获取信息、善于处理信息、利用信息进行学习和信息的创新能力等方面加强学生信息能力的培养，以提高学生的自学能力和毕业后

面临就业岗位不断更新的可持续发展能力。

在实训中，除加强每个模块的课堂实践环节外，教师应根据学生的实际，精心设置大量能提高学生动手能力与创新能力的课后练习和课后实训课题，使理论教学和实践训练交替进行，提高理论教学和实践训练的整合度，开发学生的创造性思维。

第五节　非计算机专业计算机教学模式

计算机知识、技能与应用能力是大学生知识结构和能力结构中的重要组成部分，这方面教育质量的高低，直接影响到我国绝大多数行业的发展水平和在国际上的竞争力。近年来，计算机科学与技术不断更新，新概念、新思想、新工具层出不穷，使得原来的计算机教学模式和课程设置受到了挑战。

一、新的计算机教学模式

非计算机专业的计算机教学模式不同于计算机专业的计算机教学模式。就计算机专业而言，它强调计算机教学的系统性、完整性和理论性，但对非计算机专业而言，由于学时有限，全盘照搬计算机专业的教学模式，或企求面面俱到，势必形成"压缩饼干"，会造成学生的消化不良。

但如果把非计算机专业的计算机教育仅仅理解成是学习使用一种高级计算工具或高级打字机，那又降低了要求，达不到培养高级应用型人才的目的。因此，非计算机专业的计算机教育，应从应用的目的出发，根据本专业的特点，有所侧重地设置课程并保持所设课程的系统性与完整性，注意课程之间的有机联系。

不论哪个专业，计算机入门阶段的基础教育不应有明显侧重，而应全面打好基础。在深入阶段则应有所侧重，如理工科专业必须开设低级语言及硬件原理，文科专业则不须开设低级语言，但必须重点开设 Foxpro、数据库原理等课程。在开拓阶段则更应细分，即同为理工科的不同专业也应开设不同的课程，以期能在不同的方向上进一步深入，掌握本专业领域内的计算机知识和应用技能。

二、计算机教育中几个值得注意的问题

目前，计算机已成为各行各业工作人员不可缺少的工具和帮手。作为培养各行各业高级专门人才的高校，其培养出来的人才必须掌握一定的计算机应用技术，才能适应将

来工作的要求。因此，非计算机专业的计算机教育应贯彻四年不断线的原则。要做好计算机教育不断线，可以从以下几方面考虑。

（一）紧凑的课程衔接，层次化的教学模式

第一阶段的计算机引论课程由于涉及的内容较为广泛，包括计算机软、硬件基础、DOS 和 Windows 的使用及其他常用软件的使用、计算机网络基础等方面的内容。当然，不同的专业在计算机引论课程各章节的课时分配上应有所不同。计算机引论课程的教学应达到两个目的：一是扫盲、入门；二是为后续计算机课程打好基础。

第二阶段的课程起着承前启后的作用，这一阶段的课程设置既不能"吝啬"，又不能盲目开设一大堆，而应少而精，使后续应用课程够用即可。值得一提的是，前两个阶段的课程学时必须得到保证。

在第三阶段，则应根据各专业的特点，开设应用性较强的课程。每门课的学时可相对较少，但在教学上应特别注重计算机技术的应用。

（二）实践教学环节不断线，注重动手能力的培养

第一，上机实践不断线。每周至少安排两个学时，并排入课表进行上机实践。

第二，课程设计不断线。

第三，毕业设计中，坚持使用计算机来解决本专业领域的有关问题。

第四，学生机房在周末和假日全天开放，为学生提供自由上机时间。

第五，针对不少非计算机专业的学生也购买了计算机这种情况，学校为他们提供了一个场所，将学生个人拥有的计算机集中起来，并由学生自己进行管理，学校定期派教师进行上机指导。

三、改进教学内容、教学模式和教学方法

（一）采用任务驱动教学法

在教学过程中，教师采用任务驱动的教学方法，教师以"任务"作为学生学习的主线，把教学内容和教学目标巧妙地设计在一个个独立的任务中，使学生通过完成任务来达到学习知识和提高技能的目的。任务驱动法是一种建立在建构主义教学理论上的教学方法，由于建构主义学习活动以学生为中心，教师是组织者、指导者，学习活动是真实的，因而学生就更有兴趣和动机进行批判型思维，培养创新能力，更容易获得个体的学习风格。

在大学计算机基础课程教学中采用任务驱动教学模式，有助于引导学生发现问题、

思考问题、寻找解决问题的方法，最终学会自己解决问题。在任务完成过程中，学生的主体地位得到了体现，同时还给学生营造了创新的空间。

任务驱动教学的关键是设计出科学的、切实可行的"任务"，让学生发挥主动性和创造性，在探索完成任务的过程中自主学习，从而实现教学目标。从学生的实际出发，立足学生个性的差异，充分考虑学生现有的计算机知识、专业特点、兴趣等，遵循由浅入深、由表及里、循序渐进的原则，强调学生用适合于自己的方式与速度进行学习，学生在教师的帮助下发展自己控制学习过程的能力，自主选择学习的内容，以满足学习的需要。

例如，在指导学生利用 PowerPoint 制作幻灯片的过程中，教师可以根据学生的不同特点，提出不同的制作要求。这种情况为学生提供了广阔的探索空间，教师可以在幻灯片设计方面提出有针对性的要求，对于不同专业的学生，强调有专业特点的制作要求，对于艺术和动画专业的学生，则可在内容和版面要求方面提出比其他专业学生更高的要求，使学生的学习具有很大的自主性和选择性，有利于实现个性化教学、分层教学和弹性教学。

（二）结合专业特点，突出专业特色

非计算机专业计算机基础课程的教学目的应该是培养学生能够较熟练地掌握计算机的基本技能，并且能够应用软件解决一些实际问题。现在社会对大学毕业生的计算机能力有了更高的要求，所以大学生不得不考虑充分利用有限的学习时间有选择地学习一些技能，为日后从事本专业的工作奠定基础，这就要求教师在课程设置上除了介绍一些基本的技能之外，还要设计符合不同专业的教学内容。

可以根据毕业就业方向的需要，让学生学习与专业有关的计算机应用课程和一些最新技术，建立起在校所学知识与社会需求的一个"接口"，以便学生在毕业后能灵活运用所学知识开展工作。

（三）采用以学生为主体、教师为指导的教学模式

我们将多媒体课件放在校园网上，提供学生自由上网学习的环境，鼓励学生在课后通过上网进一步对课程自主学习，留给学生更多的学习时间和学习内容的选择。体现一种以学生为主体，教师为指导，将网络作为学习工具的新型教学模式。

按网络教学模式的要求，将一门课的教学分为四个环节：一是自学教材，学生根据已有的知识结构选择自学，对教材归纳和总结，形成理解和认识；二是重点讲解，教师对课程的学习进行指导和辅导，教师利用这个环节向学生进行系统归纳和学习方法的指导；三是网上复习，将课程教学大纲、多媒体 CAI 课件和程序例题代码放在校园网上，学生通过上网浏览，进行复习提高；四是网上自测，学生调出题库中的习题自行测试，

系统自动进行评分，以此来测验学生对课程内容及各知识点的理解和掌握程度。

四、积极培养学生的创新能力和团队精神

（一）培养自学和创新能力

为检验学生的学习效果和应用所学知识解决实际问题的能力，在全校积极地开展第二课堂活动。第二课堂活动主要包括短期竞赛和长期研究两种形式，短期竞赛就是在学生完成了大学计算机基础课程的学习之后，开展与学生所学知识相关的竞赛，例如微机组装竞赛、网页设计大赛等；长期研究就是选拔一些有兴趣和有能力的学生参加计算机协会、足球机器人协会等社团组织，参加科研训练项目等科研活动。

活动宗旨是拓宽学生的知识面，开阔学生的视野，强化学生的学习动机，培养学生独立地学习知识、研究问题的能力，培养学生的创造性思维品质。在长期的研究小组中，注重培养学生的自学能力。教师着重帮助学生解决在学习中遇到的问题，与学生共同研究，启发学生找出解决办法。

（二）培养团队合作精神

培养合作精神，设计既有竞争又有合作的任务让学生协作完成，是通过小组或团队的形式组织学生进行学习的一种策略。学生学习过程中的协作有利于发展学生个体的思维能力，增强学生个体之间的沟通能力以及对学生个体之间差异的包容能力。教师在进行"任务"设计时，要设计出适合协作学习的"任务"。这可通过以下三方面来进行。

第一，为了充分发挥小组合作的优势，教师可以根据学生所掌握计算机知识的情况来分组，组内一般要有熟悉不同应用软件的学生搭配。

第二，设计综合应用计算机基础知识的任务，以学生感兴趣的主题带动大学计算机基础课程的学习，例如以职业生涯设计为主题，要求学生以小组为单位，完成三项任务：上网查找有关人生合理规划的资料，应用 Word 制作一份人生规划的专题报纸；应用 PowerPoint 制作演示文稿：应用 Front Page 制作个人主页。

第三，通过"组内合作""组间竞争"等形式实现多向交流。在完成任务的过程中，教师要重视引导学生在组内进行交流和合作，然后进行集体交流，这样学生可以在互动合作中相互学习，取长补短，共同提高，培养团队合作技能和团队合作的精神。

计算机技术已经应用到社会的各个领域，因此，教师应注重自身教学素质的提高，积极关注计算机科学的发展动向，了解和掌握计算机应用技术的最新成果，不断提高教学能力，在重视教给学生知识的同时积极引导学生，鼓励和激发学生的学习兴趣和动力，使学生不断地提高自己，从而适应社会的发展，成长为国家建设的有用人才。

第五章 人工智能背景下计算机教学创新能力的培养

第一节 基于"引导-探究-发展"教学模式下的计算机教学创新能力的培养

现代教育技术是帮助实现创新能力培养的重要手段，利用现代教育技术创设有效教学环境和利用计算机网络进行合作探究学习，是探索创新能力培养的两条新思路。

一、技术课程传统教学模式分析

纵观国内技术教育课的教学模式，"讲解 - 操练式"的教学模式仍然占据着绝对的统治地位，教学紧紧围绕实用展开，强调对技术经验、技巧的直观体验，缺少原理分析、理论推演和技术思想方法的提炼，甚至把计算机课干脆按部就班地当成以往的劳动技术课来上，致使教学目标单一，仅注重知识和技能的传授，忽视了对技术思想和方法、情感态度和价值观的培养。传统教学模式的教学过程乏味，重视的是制作产品的结果，而忽视设计方案的形成过程、方案转化成产品的过程以及交流和评价的过程。另外，在传统教学模式中，教学主体缺失，教学活动围绕着以教师为中心的模式展开，学生习惯了被动、机械地接受知识，缺乏自主探索的过程，创新思维得不到训练，个性和创新能力得不到发展。因此，在计算机教学中建构有效的教学模式来培养学生创新能力成为计算机教师努力探索的重要方向。

有效的技术教学模式的建构并不是完全摒弃传统技术教学模式，而是在对传统技术教学模式有选择地吸收和借鉴的基础上应用现代教育技术来构建，充分发挥以多媒体与网络技术为核心的现代教育技术的优势，把它作为学生的认知工具。通过学生的参与，激发学生创新意识，培养学生创新精神，提高学生创新能力。

二、新型教学模式的理论基础——建构主义学习理论

建构主义学习理论认为，知识不是通过他人传授而得到，而是学习者在一定的情境，即社会文化背景下，借助他人，包括教师和学习伙伴的帮助，利用必要的学习资料包括文字教材、音像资料、多媒体课件、软件工具以及从 Internet 上获取的各种教学信息等，通过意义建构的方式而获得。它提倡的是教师指导下的以学生为中心的学习。学生是知识意义的主动建构者，教师是教学过程的组织者、帮助者、引导者和促进者；教材所提供的知识不再是教师讲授的内容，而是学生主动建构意义的对象；媒体也不再是帮助教师传授知识的手段和方法，而是用来创设情境，进行协作式学习和会话交流，即作为学生主动学习、协作式探索的认知工具。这意味着"情境""协作""会话"和"意义建构"是学习环境中的四大要素，在新型教学模式的构建中必须考虑到在教学过程中如何依据教学目标创设有利于学生建构意义的情境，如何组织和引导学生进行协作式学习和会话交流，如何帮助学生实现意义建构。

三、基于现代教育技术的"引导－探究－发展"教学模式

在辩证唯物主义和建构主义学习理论的指导下，本作在研究和借鉴了基于信息技术的三种教学模式，即自主教学模式、合作教学模式及探究教学模式的基础上，根据创新能力培养内容、计算机课程的特点及结合中学计算机课程的实践教学，提出了"引导－探究－发展"的教学模式。其特点是：首先，教师利用多媒体精心创设有利于引导学生发现要解决的问题的情境，激发学生探究、创造的欲望；其次，该模式注重学生带着问题先自主探究后协作讨论，再通过方案设计、交流评价，最后达到能力发展的过程，从而培养学生的创新能力；最后，教师是引导者也是合作者，师生共同参与教学、师生间、学生间的课堂互动及网际互动可增强创新意识。

该教学模式的具体教学过程如下所述。

（一）创设情境

创设情境，激发兴趣，引导学习是"引导－探究－发展"教学模式的前提和基础。教师通过精心设计教学程序，利用多媒体组合创设与主题相关的、尽可能真实的教学情境，调动学生的思维，激发学生学习的兴趣，引导学生进入学习的情境。

（二）发现、提出问题

学生在教师精心创设的学习情境中，利用自己已有的知识信息及经验去认识和同化

新知识，在新、旧知识结构之间建立起联系，并赋予新知识以某种意义，从而发现、提出有待解决的新问题。教师在此过程中注意培养学生发现和提出问题的能力，促使学生由过去的被动接受学习向主动探究学习发展。

（三）自主探究

自主探究是指学生在教师的启发引导下进行自主的、独立的分析与探究的过程。在这个过程中，网络技术为学生提供了充足的自主探究的时间和空间，学生可以通过网络查找资料、整理信息。学生始终是主动探索、思考、主动建构意义的认知主体，教师对学生的自主探究则进行适时的提示、引导与帮助，充分体现教师指导作用与学生主体作用的结合。

（四）协作讨论

协作讨论是在自主探究的基础上进行的。通过之前的自主探究，学生已经获得了一些主动建构的知识的雏形，他们亟须在教师的引导下与他人通过合作和沟通，以获取更为清晰和完善的新知识，并通过小组内不同观点的交锋、补充、修正，对知识产生新的洞察，可能擦出智慧与创新的火花，创造灵感由此而发，为下一步的设计方案和实现创新打下良好的基础。

（五）设计方案

通过组内协作讨论，解决问题的新思路已经较为清晰，接下来就是从多角度考虑方案的设计了。学生对新问题、新思路进行综合、再加工，教师及时引导学生对初步设计方案进行分析、比较、选择，以确定具体的设计方案。从设计方案的初步构思到多个方案的分析、比较、权衡、选择，再到方案的最终确定，学生亲身体验到设计并非高不可攀，人人都有创新能力，关键是如何去发展它。

（六）交流评价

设计方案确定后，学生通过实物展台、投影仪或网上邻居、多媒体电子教室终端，向其他小组成员展示设计方案，其他小组则对该方案提出异议或进行评议。在信息技术平台的支持下，多层次交流和评价以及教师与学生共同参与师生互动、生生互动过程，为学生创新能力的发展提供肥沃的培养土壤。

（七）能力发展

能力发展是在教学的后期对学生整个学习过程的总结和提升，帮助学生沿着主动建构意义知识的框架逐步攀升，是进一步培养学生的创新能力和实践能力的必经过程。在这个过程中，教师仍然起引导的作用，鼓励学生对主动建构的知识进行拓展，充分培养学生的创新意识和能力。

第二节　基于网络合作探究学习方式的计算机教学创新能力的培养

学生学习方式的改变是本次课程改革的核心，也是培养学生创新能力的重要环节。改变学生的学习方式就是要让学生从单一、机械和被动学习转向丰富、自主和主动学习，让学生真正成为学习的主体，促进学生的主体意识和创造性的不断发展，培养学生的创新思维能力。当今的技术社会离不开技术，技术在不断发展的同时又促进了新技术的出现和发展，要在技术领域中有所创新，自主探究、合作学习是必须提倡的学习方式。根据新课程的理念和计算机课程内容广泛性的特点，这里着重探讨合作学习方式与探究学习方式。

一、合作学习方式及其特点

合作学习是指学生在小组或团队中为了完成共同的任务，有明确的责任分工的互助性学习。合作学习可以促进学生之间的相互交流、共同发展，促进师生教学相长，是当前基础教育课程改革所提倡的学习方式之一。其有以下特点。

第一，小组成员有共同的学习目标，在学习过程中有积极承担并完成共同任务中个人的责任，能积极地相互支持、配合。

第二，所有学生能进行有效的沟通，培养合作精神，建立并维护小组成员之间的相互信任，有效地解决组内冲突，在合作学习的相互交流中容易碰撞出创新思维的火花。

第三，小组成员能把个人完成的任务在小组内进行有效加工，这是体现合作的重要形式。

二、探究学习方式及其特点

计算机学科探究学习方式是指以学生的需要为出发点，以问题为载体，从学科领域或现实社会生活中选择和确定研究主题，创设一种类似于学术（或科学）研究的情境。

通过学生自主、独立地发现问题、实验探究、操作、调查、信息收集与处理、表达与交流等探索活动，获得知识技能，发展情感与态度，培养探索精神和创新能力的学习方式。其特点如下所述。

（一）过程性

探究学习重学习的过程，而非探究的结果；重知识技能的应用，而非掌握知识的数量；重亲身参与的感悟和体验，而非被动地接受知识和经验；重全员参与，而非只关注少数尖子学生。

（二）问题性

学生能够在一定的情境中发现问题。学生具有很强的好奇心和求知欲，当掌握了一定的技术知识和解决问题的方法后，学生就会发现生活中更多与计算机学科相关的问题。

（三）开放性

探究学习的内容非常广泛，如课堂上、教材中的许多探究点和专门的探究课程使学生在生活中发现的问题，如家居美化的改良设计等。学生还可以对社会和生产上的热点问题展开探究学习，如环境设施的改进设计、增产增收的技术措施等。探究学习的开放性还表现在适合各种层次的学生，培养学生创新思维能力，促进每一个学生创新能力的发展。

三、基于网络的合作探究学习方式

由于技术学习内容的广泛性、复杂性和多样性，以及学生的不同特点，决定了不能采用单一的学习方式，而应根据学习内容、学习目标、学生特点等对学习方式加以整合，灵活采取有效的学习方式。合作学习方式与探究学习方式的有机结合更能适应计算机课程中的设计与制作章节的学习，称之为"合作探究学习方式"。

在合作探究学习方式中，教师仍然是引导者。教师要创造性地设计问题情境，引导学生思考、探究、发展。不要设置过多的框架限制学生的思考方向，强调学生通过合作探究去理解和运用知识，引导学生主动、富有个性、合作交流地学习。为学生设计符合学生心理发展规律的学习活动，引导学生激发进一步探究的欲望，引导学生围绕问题的核心进行深度探索、思想碰撞等。教师也是合作者，在学生的合作探究活动中，教师要共同参与，成为他们中的一员，师生平等交流共同合作。

随着网络技术的迅猛发展，网络为学生的学习提供了非常丰富的学习资源，借助网络可以更好地开展合作探究学习。在探究过程中，学生为了更快地解决问题，寻找与问题相关的研究、探索和实践的材料，必然会借助网络的搜索引擎功能，快速地搜索相关信息，这可以大大节省时间，提高探究学习的效率。基于网络的学习资源有不受时空和地域限制的优点，每个学生可以在任意时间和地点，通过网络自由探究。基于网络的学习资源还能为学生提供图文并茂、丰富多彩的交互界面，容易激发学生的学习兴趣，为学生实现合作探究式学习创造有利条件。学生可以在教师的指导下，通过聊天室、群共享空间、电子邮箱、小组博客、教师博客等进行合作交流。教师也可以在学校网站上链接与计算机学科相关的资料和网址等。在学习合作探究过程中的交流讨论可以在组内直接提出，也可以通过网络在论坛、聊天室、博客上进行。讨论的内容可以是与设计构思有关的问题，也可以是设计制作过程中碰到的困难，通过交流讨论，使疑难问题得以解决。在合作探究学习过程中，教师的作用仍然是组织者、指导者、帮助者和鼓励者。教师要随时关注合作探究学习过程的进展，了解学生获取、分析、整理、加工信息的情况，为学生的疑问提供必要的帮助，在学生遇到困难时及时给予情感支持和意志激励。教师还可以参与到学生的探究中去，和学生一起探究问题，鼓励学生运用知识创新地解决问题。

基于网络合作探究学习方式的模式中，学生通过观察生活和借助网络查找资料确定课题，接着开展合作探究学习。在探究过程中，遇到难以解决的新问题时，仍然充分利用网络优势快速搜索相关信息，通过网上交流平台进行网上协作，使疑难问题得以解决。在整个学习过程中，教师始终是学习的组织者、引导者，要重视教师主导作用的发挥，教师应随时关注合作探究学习过程的进展，提供必要的学习支架。这种基于网络的合作探究学习方式对创新能力的培养有很大的促进作用，对计算机这样一门生活气息浓厚并与生活实践紧密联系的综合性学科来说作用更大。计算机课程是培养学生创新意识和能力的重要课程载体，它立足于学生的直接经验和亲身经历，立足于"做中学"和"学中做"，以学生的亲手操作、亲历情境、亲身体验为基础，强调学生通过观察、调查、探究、设计、制作、试验等活动来发展实践能力和创新能力。计算机课程标准也提出了"网络可以突破时空的限制，快捷地为计算机教学提供崭新的平台，成为广泛交流与共享的课程资源。教师要充分利用各种网络为计算机课程教学服务，引导学生学会合理选择和有效利用网络资源"。因此，鼓励学生利用网络进行有效的学习具有极大的实践意义。

基于现代教育技术的"引导 - 探究 - 发展"教学模式主要侧重于从课堂教学现场着手探讨学生创新能力的培养。但课堂上短短几十分钟，学生是不可能完成探究、体验、操作等活动内容的，因此课后基于网络的合作探究学习方式是对基于现代教育技术的

"引导-探究-发展"教学模式的一个重要补充，二者之间有交叉点，都是通过教师主导、学生探究来培养学生的创新能力，它们是相辅相成、密切联系的。

四、基于网络的具体合作探究实践

在基于网络的具体合作探究实践中，学生的观察、思考、探究、技术上的创新等活动的主动权完全掌握在学生的手中，同时和教师之间展开了平等的交流与合作，体现学生学习的主体性。可见，基于网络的学生合作探究过程更多地表现为一种创造过程。在这个过程中，学生通过一个个技术问题的探究，通过一个个疑难问题的解决，通过一项项设计任务的完成，激发创造的欲望，享受创造的乐趣，培养自己在实践中不断创新的能力，形成积极进取、不畏困难、勇于创新的优良品质。教师作为学生合作探究学习过程的引导者、鼓励者和帮助者，要抓住时机培养学生创新的个性心理品质，包括创新意识、意志力、毅力、自信力、活力、积极、乐观、团队精神、合作精神等。计算机教育正是培养这些品质的良好载体，而基于网络的合作探究学习方式正是培养这些品质的良好途径。

基于网络的合作探究学习仍然需要注重教师对学生技术学习的评价。教育评价的基本功能在于引导学生的进步，促进学生的发展。教师可以从课堂实地教学和网络上的小组博客获取信息，对学生在知识与技能、过程与方法及情感态度与价值观等方面的学习过程和发展状况进行描述，对知识与技能的评价侧重倡导和鼓励有新意的技能、方法，对过程与方法的评价，重在评价学生解决实际问题的能力和创新能力，如设计方案是否简单有效，是否有创意，作品能否满足设计要求等。为了突出评价学生的创新能力，教师需要了解学生信息收集，方案的形成、转化、交流以及试验等过程的体验，了解在此过程中技术方法与创新能力的形成情况。这就要求教师全程参与、注重引导、观察、对过程进行记录，教师与学生多种形式的交谈也是过程与方法评价的重要方式，如通过日常教学中与学生面对面的谈话以及网络（E-mail、BBS、QQ）等的讨论和答疑的形式，都可以及时地对学生进行评价，对情感态度与价值观的评价应着重从是否具有实事求是的态度，是否具有克服困难、解决难题的信心和意志，是否具有良好的合作精神，技术作品能否体现关爱自然、珍视生命等积极向上的情感等方面进行。教师还可以利用计算机生成学生设计方案及作品的评价量规，生成对班级学生或某个小组的作品评价结果分析报告，利用网络资源在博客的讨论交流区甚至班级 QQ 群及时发布等。这种基于网络的评价方式有利于进一步引导学生的学习活动，提高学生的技术素养和创新能力。

基于网络的合作探究学习方式充分体现了学生的主体地位，但教师的重要性容易被忽视。个别教师没意识到这一点，在学生设计实践的过程中未密切跟踪关注学生获取知识、将知识转化为技术的能力以及学生创新能力形成的情况，没有及时地通过课堂、课间及网络空间参与交流和评价，使师生间的沟通和交流脱钩。特别是个别学生由于缺乏基本的计算机操作能力和主动探索的意识，在网络的海洋里要么出现迷航现象，要么在学习过程中显得无所适从，这时教师发挥主导作用的能力更是不能忽视。因而采用基于网络的合作探究学习方式，教师应该始终意识到自己仍然是教学的组织者、指导者、促进者和帮助者，学生始终是在教师精心设计的网络学习环境中展开探究的。这样的学习才是真正有效的学习，这样的网络环境才是真正适合培养学生创新能力的良好环境。

第三节　研究性学习在计算机教学中的实践

一、传统的信息技术教学模式

信息技术课堂中"讲解 - 演示 - 上机练习"的教学模式仍然占据了主流地位。以"字处理软件 Word 的使用"为例，教师首先打开 Word 字处理软件，接着进行软件的介绍，着重介绍了菜单栏和工具栏，对菜单栏中常用的菜单进行了详细的介绍。将软件的页面布局介绍清楚之后，教师打开一篇文章，进行演示操作，如段落的处理、文字的设置、图片的插入等；演示完成后，教师给学生机上发放一篇文章，并提出具体的要求，如字体字号的设置、段落的首行缩进、图片的位置大小等都要按照教师提出的要求来完成。在上机练习的过程中，多数学生无精打采，机械地重复教师刚刚进行的操作。

这样的教学模式也许教会了学生最基本的操作技能，却忽略了学生亲身参与研究探索的情感体验，抑制了学生学习信息技术的兴趣和动力。正是这种机械的学习方式，形成了学生的思维定式，抑制了学生创新思维的发展。

二、研究性学习——项目教学法在教学中的实施与效果评价

（一）教学实施

项目教学法的实施是一个复杂的过程，它对教师和学生来说是一个新的挑战。它要

求教师给学生创造良好的教学环境，要求教师进行角色的转变。教学组织形式与传统教学不同，需要教师进行科学的安排，实现学生的研究性学习，使教学过程能够提高学生的各方面能力。

I. 实施策略

实行项目教学法，应充分考虑到学生的特点。整个教学过程突出"以学生为主体"，目的是让学生掌握技能，掌握专业知识，培养他们的社会职业能力、自主探索能力和协作学习能力。在教学中，学生应处在一个良好的学习环境中，师生的角色要有正确的定位，教学组织形式要适合项目教学法，教学中要控制好实验设计。

（1）学习环境

环境是一种学习空间、场所，是一种支持性的力量。环境的要素主要包括资源、工具和人。

对于项目学习环境，可以从以下三方面进行理解。

①学习环境是为促进学生完成项目而创设的学习空间。

②学习环境是帮助学生完成项目的各种支持性力量的结合。

③项目教学法中，学习环境所支持的是以学生为中心的学习方式。

项目教学法中的每个项目任务围绕着一个具有驱动性的问题而展开，学习者通过合作和讨论分析问题、搜集资料、确定方案步骤，合理利用知识工具和资源来解决问题。项目教学法是一种有着灵活的时间和空间安排的结构更松散的课堂，课程被看作一个整体，在课堂中用问题和主题组织学生的学习。

在项目教学法中，师生之间应进行充分有效的互动，形成学习共同体，以学生为中心进行探究、协作。教师要重视学习的社会性质，将课程看作一个整体，用问题和主题来组织学生的学习。在项目教学法学习环境建设中，要设计真实或仿真的项目任务，提供可供学生选择和促进项目完成的丰富资源和技术工具，营造良好的学习氛围，提供交流平台，让学生体验到学习的乐趣，感觉到自己在集体中的重要性。

（2）师生角色定位

教学由三个基本成分组成，即教师、学生和课程。教师和学生是课堂教学中两个重要的因素，只有两方面紧密配合，才会产生好的教学效果。

传统的教学以教师为中心，学生被当作"容器"来填补知识，教学的核心任务就是有效传递和掌握课程知识，师生关系的性质就是知识的传递者与接受者的关系。教学过程没有学生的主体参与，"教"和"学"处于分离状态。这种"填鸭式"的被动学习，学生没有从中体会到学习的乐趣，也扼制了学生的创造力，使学生产生依赖心理，甚至产生厌学情绪。

现代教学是师生以活动为载体，充分发挥师生的主体性，师生共同探讨，"教"和"学"逐渐融合。在教学中，教师要放弃传统教学中的权威主义，建立新型的师生关系：教学中，教师和学生都是主体，教师是主导的主体，学生是主动的主体。学生主动参与、主动探究学习，形成一种和谐、民主、平等的师生关系。

在项目实施过程中，教师应充分调动学生的积极性，使学生能主动参与，发挥学生的能动性，培养学生自主创新、自主学习，具有批判性思维。教学中学生是主体，并不是说教师就不重要了，相反，教师的作用是不可替代的，在整个教学过程中教师应是学生的指导者、协作者、交流者。项目实施中，教师要密切注意学生的行为，发现学生可能存在的问题，并及时进行干预和调控。整个过程中，师生应是平等的、双向的、交互的。

（3）教学组织形式

为达到教学目的，提高教学效果，必须运用一定的教学组织形式。教学组织形式是指为完成特定的教学任务，教师和学生按一定的要求组合起来进行活动的结构，是关于教学活动怎样组织达到教学效果最佳的问题。教学组织从古至今一直在不断发展和改革，较为成熟的有班级授课制、分组教学、个别教学等。现在的教学组织形式大多还是班级授课制，这种方式的缺点是很难照顾到个别差异，不利于学生的个性发展和创造性思维的形成。分组教学既可以照顾学生的个别差异问题，又可以保持"班级教学"的规模效益。它是按学生的能力或学习成绩分为不同的组进行教学的组织形式，它突出了小组作为一种结构在教学组织中的重要性。项目教学法是一种研究性的学习形式，而研究性学习的组织形式一般有小组合作研究、个人独立研究、小组合作和集体探究相结合等方式。由此看来，分组教学是项目教学法的主要组织形式。

（4）小组管理

项目教学法中，小组效能的发挥一取决于分组，二取决于管理。小组的管理策略主要包括设计可行项目，确立小组目标；组中合理分工，建立个人责任；监控学生行为，提供技能指导；选出优秀组长，形成积极互助关系；确定标准，合理评价与奖励。

①设计可行项目，确立小组目标

项目教学法中，教师要根据学生的实际水平、认知能力、思维能力、研究能力来设计项目，而不能盲目地随意设置项目；同时，确定项目时还要考虑知识的顺序性、整体性、学生的需求和兴趣。

②组中合理分工，建立个人责任

小组中的每个成员根据特长要有不同的分工，有搜集资料的、做记录的、进行陈述的等。如果分工不合理，则会使小组成员的积极性和自信心受挫，影响学习效果。因此，在分组时应使每个成员都承担一部分责任，使学生对他们的学习负责，对小组的荣誉负责。

③监控学生行为，提供技能指导

项目教学法中，教师是指导者、协助者。许多教师将学生分组后，给他们一定的项目就不管不问，不跟学生交流，也不进行监控指导了。这种做法可能会直接导致项目教学法的失败。在学生进行活动时，教师应注意观察学生的行为，了解学生的实际情况，发现存在的问题并及时进行指导纠正。

④选出优秀组长，形成积极互助关系

一个好的班集体肯定有一帮优秀的班干部；同样，一个学习小组中需要有一个优秀能干的组长。一个优秀的组长可以使小组处于愉悦有序的状态，能够提高活动的效率。选择优秀的组长要考虑他是否具有如下素质：学习较好，有集体荣誉感，合作意识强，有较强的与人沟通交流的能力，有较强的组织能力等。

⑤确定标准，合理评价与奖励

项目教学法中的教学评价与传统教学不同，传统教学只注重学习结果的评价，而忽视了对学习过程的评价。项目教学法中，教师应注重学生的学习过程，需要有一个合适的过程评价，应进行小组内自评、小组间互评和教师评价。教师应及时对各组的情况在班上进行总结反馈，使学生都能了解学习过程中出现的问题和解决的办法。

（5）实验设计

实验设计需要教师明确自变量、因变量及无关变量的控制。

①自变量：项目教学法设计。

②因变量：实行项目教学法之后，学生在学习成绩及学习能力等方面的变化情况。

③无关变量的控制：实验班和对照班为同一教师任教；所用教材、所选内容及课时安排一样；不告诉学生两班的教学方法不同。

2.实施步骤

项目教学法可以分为三个阶段：准备阶段、实施阶段和评价阶段。具体步骤如下。

（1）选择项目

项目主题的选择是至关重要的，我们在选择项目主题时应遵循以下原则：第一，主题要具有真实性、挑战性和趣味性；第二，主题应与课程内容紧密相关；第三，主题应尽量与学生的生活紧密关联。在选择项目主题时，教师应提前进行研究，能预料实施过程中可能遇到的问题。选择的项目应是一些开放的、具有一定难度的、贴近社会实际的真实性任务，学生能够通过小组协作、探究学习完成任务。所选定的项目需要学生在完成任务后提交相关的作品或成果，师生再依据这些作品或成果进行评价。

在一定程度上说，项目教学法是否成功取决于项目任务的制定，项目任务的制定应考虑如下三个因素：第一，项目任务的系统性。一个项目的实施过程是一个系统性的工程，一个项目是由多个任务体系组成的，各项目任务的目的不同，每个任务对学生能力素质训练和提高也不尽相同，项目任务的相对异质给学生提供了更多可能性的组合，提高了项目的可操作性。第二，项目任务的社会性。选择的项目任务应与社会有紧密联系，有较强的现实意义和社会意义，能为学生以后的生活和就业提供帮助，培养学生的社会实践能力。第三，项目任务的可操作性。项目任务成果要具有可评价性，应是有形的实体，可以是调查报告、产品、幻灯片等。任务的实施应具有预见性，教师在制定项目时应该能够清楚地预见实施过程中可能存在的各种问题，能根据学生的实际情况提供必要的指导和服务，保证项目任务能够实施下去。

（2）制订计划

项目教学法对新生来说比较陌生，如果让他们单独制订计划难度会比较大，可能会挫伤他们的积极性，可由教师制订项目的实施计划；如果学生已熟知项目计划的制订，而且对该项目有一定的了解，则可以由学生来制订计划，教师给予一些指导和协助即可。制定项目时需要考虑项目与课程结合的模式、项目内容的确定等因素。

①项目与课程结合的模式

在实际教学中，项目可以只与某一单独的课程进行融合，也可综合几门课程的内容进行设计。

②项目内容的确定

教师不能只给学生一个大的主题就袖手旁观，应提供项目开展的大致范围和主要内容。这些内容可以是跨学科的，是学生感兴趣的，与他们的学习生活紧密联系，从而调动学生的学习积极性。

（3）搜集资料

项目教学法中需要学生自己进行资料的搜集，数据和资料的搜集查阅过程也是知识的习得和提高过程。传统的应试教育强调"标准答案"的重要性，一般由教师总结出标准答案，学生进行记忆即可。这种教育使得学生成为一种知识填充的机器，学生所学的知识成为死知识，不能与实践相结合，没有自己的思想。项目教学法主要由学生自己来完成知识的建构，学生对各种资料根据所学理论进行提取、整合，充分调动他们的主观能动性。在项目教学法的实施过程中，教师应给学生一个资料查询的大致范围，提供各种资料获得的途径和线索。资料的搜集可以采取多种形式，如根据自己以往的经验，网上搜集，教师、家长、社区、社会等的帮助。如果时间允许，学生可以进行一些社会调查，这样可以使成果更真实，更具有实际意义，会获得更大的社会效益。

（4）分析资料

搜集的资料并不一定都是有用的，这就需要学生的共同参与，对资料进行筛选和深加工，分析所得资料的可靠程度，对新旧知识进行重构。学生还可以运用技术和软件，把不能直接使用的资料进行调整、修改、合成，以便达到更好的效果。为了防止学生在下面的作品制作中只是资料的堆砌，教师应适时向学生强调注意检查信息的深度和准确性。

（5）制作作品

学生把整理好的资料以成果的形式展现出来。这是一个关键的过程，它需要小组成员通力合作，研究这些资料的呈现形式及布局。这个过程给人的第一感觉是安排必须合理，才会达到预期的目的，否则，即使前面的工作做得再好，也是前功尽弃，所以这一步应是"画龙点睛"之笔。

（6）展示评价

学生的成果有阶段性成果和终结性成果。阶段性成果一般指在项目任务的实施前、实施过程中得到的成果，它具有独立性和单一性，只能从某个角度和一个阶段来反映项目实施的情况，内容和结构上也比较简单。终结性成果的内容和结果比较复杂，也是阶段性成果的整合。

项目成果的评价是实施中的一个不可或缺的环节，具有重要的意义：第一，通过项目评价，肯定小组在实施过程中的工作和价值，能够激励学生，激发他们的兴趣。第二，通过评价使学生认识到自己在哪些方面做得很好，哪些方面还比较薄弱，找出原因，对症下药。第三，在学生实施过程中进行评价，能够及时纠正制作中存在的问题，不至于偏离主题，造成南辕北辙的后果。

项目成果的评价是一种真实性评价、多元化评价和参与式、开放性评价。评价的方式也多种多样，有形成性评价、诊断性评价和终结性评价；评价过程有学生自评、小组互评、教师和专家评价。各小组将半成品和最终作品依次展示出来，先由小组之间互评，指出作品存在的优点和不足；对于作品不足的地方，要说出不足的原因及修改的方案。最后，再由教师对作品进行点评，做总结性评价。通过作品的评价，可以肯定项目小组成员的工作和价值，有利于激发学生积极参与项目教学法的兴趣；可以帮助学生针对性地改进，对学生形成激励；有助于加强学生对项目教学法程序、规则、规范的理解，从而引导学生在以后的项目教学法中做出更好的表现。

（二）效果评价

经过一个学期的项目教学法，为了解学生的学习状况和发展状况，反思和改善自己的教学过程，发挥评价与教学的相互促进作用，对教学效果进行评价。通过评价以确定学生的专业知识水平和能力是否有所提高，学生对项目教学法是否认可，教师的教学方法和手段的选择是否恰当，并针对出现的问题进行教学改进。评价的目的在于"诊断"

和"改进"。

评价是手段措施，不是目的，它对教育教学起着导向、鉴定、激励、调节和促进作用。通过评价可以做出价值判断；通过评价可以得到反馈信息，使研究者可以及时对研究目标、过程和方法进行调整，总结成绩，提出问题，更好地把握方向，以保证更好的研究效果。通过评价可以搜集有关资料，给予教学具体的指导，以避免盲目性。因此，评价过程能够不断提高研究的科学水平，是研究者实现自我完善和提高的过程。

第六章　计算机教学的应用

第一节　小学计算机教学

一、选择合适的教学方法，让学生对计算机产生浓厚的兴趣

不论哪个科目，兴趣是学习的首要条件，但是如何培养学生的学习兴趣，合适的教学方法尤显重要。对于小学生而言，感性认识占据着主要的思想认识，他们没有成年人的理性需要，只是认为有意思，就爱学，所以教师务必根据小学生这一心理特点，研究出适合这个年龄段学生的教学方法，以便培养和提高学生对计算机的学习兴趣。

（一）把计算机形象化

小学生的抽象思维还没有达到成年人这么成熟，所以教师在教学过程中一定要以形象化教学法为主，把计算机形象地展现给小学生来理解。

比如在最初给学生介绍计算机认识的时候，教师可以抓住小学生的好奇心理，先提出一些问题，因为小学生不管接触什么事物，第一次总是充满着好奇，很渴望知道这个东西是做什么用的，甚至会上手体验一下。这个时候可以提问"谁家都有电脑""谁能回答一下电脑都有什么功能""谁亲手操作过电脑"之类的问题，小学生都爱表现，通过这些提问，他们就会争先恐后地来抢答。在解决了这些基本的问题之后，教师可以借助教学光盘或者课件资料，给学生展现计算机的具体功能。这种把计算机形象化来教学的方法很适合年龄段比较小的学生，而且学生兴趣浓厚，课堂气氛活跃，有利于课程的学习。

（二）借助学生熟悉的事物来比喻教学

对于小学生而言，在计算机教学过程中所遇到的一些专业术语是比较难以理解的，

这个时候教师可以借用周边的一些事物来做比较，让学生形象地理解。比如电脑系统中的文件夹可以比喻成我们平时上学所用的书包，里面可以盛放各种各样的书本等资料。新建的文件夹我们还可以给它取不同的名字，用来区分学生的书包。这种比喻形象深刻，学生容易理解，可以很容易地达到教学效果。

（三）游戏教学

爱玩是小学年龄阶段学生的天性。尤其是现在的学生，跟传统的游戏相比，他们更喜欢通过电脑来玩游戏，这种娱乐的交互性更强，更具吸引力。所以教师可以大胆地在教学中把游戏引入其中，比如闯关游戏，只有游戏当中的问题解答正确后才能继续进行闯关，这种游戏教学对小学生来说具有挡不住的诱惑力，在学生进行答题学习的同时，也锻炼了他们使用电脑的基本技能。

教师不应该再是知识的灌输者，传统教育已经明显不再适合现在教育的发展，必须尊重学生的个体差异，从知识的灌输者逐渐转变成课堂的引导者。学生是学习的主体，教师在课堂上只是辅助、引导学生学习，在必要的时候来协助学生更好地学习，帮他们形成正确的学习动机。所以在教学过程中，教师应该利用现有的教学资源，不断进行教学方法的研究和改进，采用多种不同的教学方法，从而达到激发学生学习兴趣的目的，同时，通过长期的良性循环，帮助学生养成自主学习的习惯，增加学生的求知欲望，课堂效率自然就相应地提高了。

二、做好引导学习，及时交流，培养师生之间的相互合作

俗话说"三个臭皮匠顶个诸葛亮"，这体现的就是相互合作的强大。新课改也明确指出，学生和学生之间、师生之间的交流合作是必要的，这样可以有效拓展学生的知识面，可以了解与学习到其他学生的解题思路等。这种合作，一方面可以培养学生自身的学习兴趣，形成赶帮超的良性循环；另一方面还可以由学生自己来制定学习进度，这样就锻炼了学生的自主能力，更重要的是通过这种相互合作，可以帮助学生从小培养团队合作的精神，团队作战，也才更具战斗力。

比如在进行第一次计算机授课的时候，教师不用急于传授相关的电脑知识，可以先把学生分成若干个小组，并制定学习任务。在小组讨论学习的过程中，大家取长补短，发挥团队作战的优势，共同进步。在小组和小组之间，教师也要善于引导，使其相互竞争、互相促进。再比如，在进行键盘指法练习的时候，教师可以给各小组下达比赛通知，在规定时间内，由小组推荐队员进行比赛，选出做得最好的小组及成员，这样小组之间就会形成竞争机制，而且小组内部也会把好的方法进行互相交流，这样既激起了学生的好胜心，又可以在不用教师监督的情况下自觉学习，小组间的团队协作关系再次被发挥得淋漓尽致。

学生在学习上不能缺少竞争，更不能缺少合作精神。21 世纪不是一个单打独斗的年代，需要我们从小就培养良好的团队合作精神。所以，把团队合作运作到计算机的学习当中，小到小组之间的竞争学习，大到今后生活工作之间的信息交流，发生在计算机之间的相互合作将越来越普遍。

三、联系实际生活，通过计算机学习，培养学生的创新能力

素质教育的核心内容便是创新，而且，在近些年来，为了适应社会发展的需要，各个学科都在进行创新教育，当然，计算机教育也必须大胆地联系生活，对学生进行创新能力的培养。

鼓励学生大胆地运用已经学到的知识来解决日常生活中所遇到的实际问题，不要怕出错，计算机操作难免会有一些错误的产生，重要的是敢于动手尝试，敢于把所学的知识运用到实际的日常操作中。电脑的常用工具，包括记事本、画图等，尤其是画图工具，小学生喜欢涂鸦，更喜欢在电脑上涂鸦，把各种颜色的画笔在电脑屏幕上圈圈点点，可以充分发挥他们的想象空间。这种鼓励并不是漫无目的的，而是顺应孩子的天性，学生在这个年龄段思想灵活、联想丰富，其中不乏极富创意的作品。

所以在计算机教学过程中教师要不失时机地激发学生的自我创新精神，挖掘他们的创新意识和能力，这些都是教师不可推卸的责任。尊重学生的个性，完善学生的人格，在教学中联系实际生活，求同存异、求新出异，这些都可以很好地提高学生学习的兴趣。

当然，教师在教学的过程中，不能局限于书本的知识，那些都是基础中的基础，还要联系实际需要，完善课堂内容，丰富知识，及时总结时代所需，只有这样才能提高学生对计算机的学习兴趣，使学生学习起来真正做到兴趣盎然。

第二节　中学计算机教学

计算机课程作为一门新兴的学科，因其须注重实践这一特点，目前的中学教学中普遍存在一些问题，只有转变教学观念，从传统的教学模式中走出来，才能真正地让学生"学以致用"。中学阶段的计算机教育培训工作是传授给学生一些计算机基本知识和操作技巧，培养学生对计算机的兴趣，作为打基础阶段，应采用正确的培养模式，才能有效提高教育效果。

随着计算机技术的发展，计算机课程已成为各中学开设的一门必修课，成为中学课程体系的一个有机组成部分。中学计算机教育教学面临着前所未有的挑战，同时也对中学计算机教育提出了更高的要求。因此，先进的、适当的计算机教育方法在提高计算机教学质量、学生计算机素质方面显得尤为重要。

一、巧妙安排教学结构，激发学生学习兴趣

互动式教学的重点是教学过程中的"互动"，因此教师的教学过程应是互动的。任何一个巧妙的教学结构设计，都比平白直述的教学过程更有吸引力，因此，教师在进行教学时，一定要结合教学目标、教学难点、重点，以课本知识内容为基础，以发展学生各方面能力为目标，将课本中的知识点串联起来，同时尽量让各种知识贴近学生的日常学习生活，为学生参与到课堂讨论中提供一个切入口。只要让学生能够在你的课堂上感受到一种既熟悉又陌生的感觉，那么可以说你的教学结构设计是非常成功的。比如，教学生学习使用Excel表格，可以让学生统计制作本班的通信录，将班内的学生分成多组，每一组独立制作完成一份，最后，通过组间作品的评比，来确定哪个最好，将其分发给学生使用。这可以大大提高学生学习时的积极性，各小组内部有的负责采集数据，有的负责制作表格。通过这种教学结构设计，紧密联系学生的生活实际，有效激发了学生学习兴趣，锻炼了自身的能力。

二、改革传统教学模式

网络的发展，对传统的教育形式提出了严峻的挑战。学生可以借助网络利用最好的学校、教师、课程和图书馆进行学习而不必受时间、地点和很多外在因素的影响。因此，教师不再是知识的灌输者，而是帮助学生建构知识的组织者、指导者和促进者。为了适应教学的要求，教师首先必须完成教育观念的转变，把以教为中心的传统教学转变到以学为中心的方式上来。其次，要勇于探索新的教学模式。教学模式的探索无论对教学内容的考虑还是教学方式都有新的要求，我们的教学不再是"填鸭式"，而是开放、以人为本的方式。教师在教学中要考虑：怎样让学生充分地掌握和应用计算机的方法和能力？在知识的传递中如何成功地使用信息工具？因此，在具体的教学模式中，我们应该从学生出发，选择基于计算机和网络技术设计合理的教学模式。

三、让学生拥有学习的主动权

在教学实践中，教师应把学习的主动权交给学生，让学生在亲自实践中品尝艰辛和

乐趣，从而培养他们的独立操作能力。中学计算机课是实践性很强的一门学科，上机实践的过程是必不可少的，在上机的过程中，学生可以进一步理解和掌握知识，许多学生不清楚或不理解的问题，通过上机操作可迎刃而解。在教学中，教师不要总是要求学生按部就班地解决问题，要让学生自己在有目的的情况下，去寻找解决的方法，把学习的主动权还给学生，让其真正成为学习的主人。当然，主动权交给了学生并不等于削弱了教师的主导作用，而是对教师的要求更高了，在教学内容的设计和教学方式的改革方面就要求教师有新观点。并且在组织学生上机的实践过程中，教师要适当地设计一些连续的作业，有目的地帮助学生解决问题，并在课余时间设计一些大型的、有一定难度的作业，这样能激发其学习的主动性。让他们在学习中始终保持一份学习的热情与新鲜感，变"要我学"为"我要学"，这样才能达到事半功倍的效果，才能最大限度地实现开设该课程的目标。

四、采用分组分层的教学方法，可以有效提高教学效果

传统的教学模式是教师在讲台上滔滔不绝f讲课，学生默默地听。而中学计算机教学强调教学过程的互动和实践，教师在教学过程中通过长时间的观察，以及面对面的交流，搞清楚学生的需求，对学生需要和意见进行总结，从而改进自己的教学方法，以取得更好的教学效果。

五、活跃教学课堂气氛，调动学生情绪

课堂教学效果的好坏往往与课堂气氛有着直接的关系，因此教师不仅要传授各种课堂知识，还要通过自己的语言艺术与学生进行情感交流，调动课堂气氛，引导学生融入教学过程中去。可能有些教师认为计算机课程作为一种纯操作的课程，大部分都是些操作步骤，没有什么情感不情感的。教学过程不能只看到教学的一方面，教师完全可以在教学过程中，通过询问学生的创作思路这种日常交流，让学生对教师更加熟悉，更加亲近，进而实现"亲其师，信其道"。对于一些好的作品给予夸奖，从而提高他学生的信心，并能有效提高学生的学习兴趣。在课堂中引入设问，可以吸引学生的兴趣，消除长时间学习产生的疲劳，活跃课堂气氛。

第三节　大学计算机教学

一、理论与实践结合，确保培养厚基础、宽口径的人才

（一）理论教学方面

教学内容是教学过程的基本要素之一，是教师和学生双向交流的中介和纽带。作为基础课教师，要不断提高自己的专业素质，及时跟踪学科发展前沿，根据本专业的培养目标，适时调整课程结构，优选课程内容。

教师的教学状态是确保教学成功实施的重要因素。教师要转变观念，在教学过程中逐步树立以学生为主体的教学思想，正确处理传授知识、培养能力、提高素质之间的关系，改变"单向灌输"的教学模式，进行启发式、讨论式等教学模式的尝试。充分发挥第二课堂的积极作用也是提高学生计算机基础和应用水平的一个重要途径。

（二）实验教学方面

计算机实验教学是学生参与操作的探索过程，在很大程度上能够使学生通过动手操作，进而激发学生的计算机学习兴趣，激励学生主动学习。

教育的本质在于参与，即充分调动学生的积极性、主动性和创造性，让学生最大限度地参与到教学中去，让学生用自己的思维方式，主动获取知识。计算机实践教学则能够提供使学生达到他们可能达到的最高学习水平的学习条件。在计算机实践教学中，让学生自己动手进行操作，充分调动了他们的参与性和探究性。对于一些理论知识不足但动手能力较强的学生，在实践过程中，他们能充分发挥自己的长处，得到鼓励而增强学习的信心，消除"计算机难、学不好"的恐惧心理，萌发要学好计算机的愿望，引发学习动机，使他们以学为乐，主动进取，提高学习效果。实践出真知，特别是学生通过看得见、摸得着、感知深刻的实验过程，形成清晰的表象，伴随着说的训练，为学生的思维发展铺平道路。在教学中，要结合教材编排的意图和知识点，尽量创设条件，充分让学生动手实践，手脑并用，动思结合，培养技巧、技能。

（三）实践教学方面

①注重实践教学与理论教学相结合，突出产学结合特色。本课程包括理论教学和技能训练两部分，将理论教学与实践教学有机地进行结合，同时结合具体情况有针对性地讲解某些技能，如艺术设计专业，指导学生用 Word 设计出主题鲜明的海报，突出产学结合特色。②设计出的各类实践活动能很好地满足培养优秀学生的要求。本课程在技能训练设计上，除了必需的基本技能模块以外，还增加了部分难度稍大的技能模块，以便于很好地满足培养优秀学生的要求。如 CAD、RD 等一些设计软件的使用。③实践教学在培养学生发现问题、分析问题和解决问题的能力方面已有显著成效。在课程的技能训练项目设计上，还注意加强对学生发现问题、分析问题和解决问题能力的培养，使学生能够很好地掌握基本技能，效果非常显著。

二、从教师讲授、叙述向教师辅助、指导的转变

目前，学院仍然是以传统教学模式为主，实行班级授课方式，给予学生共同的思想和知识教育，而学生来自全国各地，这样的教育模式忽略了学生计算机基础课程的个体差异，阻碍部分学生主动探索、积极思维的发展。

教师在过程中指导和鼓励学生发现、思考和解决问题，使学生主动学会构思计划、完成任务。提倡协作学习、相互讨论，让学生在学习过程中寻找动力，转变全体学生都按相同的方式学到相同的知识，让每个学生都能按照自己的兴趣、爱好和学习方法的不同，选择不同的学习材料和学习方式，这样使每个学生的能力得到更大的发展。

三、以考证为中心，因材施教，提高教学效果

（一）采用多种媒体交叉上课

多媒体教学动静结合，增加课堂气氛，理论与实践相结合，可以使教师及时发现问题，及时解决问题。适当地介绍一些等级考试题目与相关知识点的结合，增加学生的学习兴趣，扩大同学们的知识面。用多媒体进行教学，一般教师都是使用课件进行教学，但是，如果我们只是使用单一的媒体，学生会产生厌倦感。所以我们在教学当中，应该各种媒体交换使用，比如大部分时间我们是使用课件，有时我们也可以使用黑板、教材等，以引起学生的兴趣，集中学生注意力。

（二）以练习为主，边讲边练、讲练结合、精讲多练

教师一边演示，学生一边操作，这样技能才能得到及时的巩固。而目前大部分院校

教学组织采用理论课在多媒体教室进行集体教学，后在机房里进行实验的方式，这种方式存在一些不足，比如，很多技能教师在教室是演示了，但是等到实验课时，这些技能学生都已经忘得差不多了。因此采用机房面授加指导，教师在上面演示，学生在下面操作，让学生做大量操作练习，遇到问题及时解决，对于一些共性问题重点讲解，效果会很好。

（三）采用案例教学，发挥学生的主体精神和创新能力

所谓案例教学，是对于某一知识点，或多个知识点，以一个案例形式来描述，让每一个学生主动地参加到课堂活动中，也让学生找到不同的解决问题的方法。既活跃课堂气氛，也全面提高学生的学习能力。我们选择一些媒体上出现的经典文档、图等示例，演示是怎么用计算机实现的，学生兴趣很大，教学效果很好。通过案例教学，将计算机应用基础的知识点恰当地融入案例的分析和制作过程中，实践、理论一体化，使学生在学习过程中不但能掌握独立的知识点，而且具备了综合的分析问题和解决问题的能力。

四、灵活使用学院教育教学资源，积极创造创新条件

在教学中充分利用学院教育教学资源，如学生可以从校园网上找到往年的试题及教学大纲；将每节课教学内容放到校园网上和从 Internet 上搜集的相关资料制作成网页放于 Internet 上，让学生能于课余时间去利用等手段；遇到不懂的问题随时网上提问，有教师在网上回答这些问题。这样不但能最大限度地发挥学院计算机网络的作用，还能在学习的同时熟练掌握我们的教学内容，调动学生学习的积极性。

第四节　高职计算机教学

计算机教学是绝大部分院校都开的一门课程，高职院校也不例外。高职院校由于培养目的特殊性和生源的特点，要从应用的角度去培养计算机的应用型人才。

高职院校计算机专业毕业的一些学生常常存在以下问题：理论不扎实，实际动手能力也不强；既不能独立解决实际的计算机硬件问题，又不能独立承担实用的计算机软件开发项目。高职院校计算机教育的这种不正常局面应该尽快加以改善。

一、教学计划灵活安排，创造良好开端

例如，以往在讲授《计算机应用基础》时，总是按照教材的顺序，先讲计算机的硬件基础知识、数制转换等，再讲 Windows 操作系统及 Office 办公软件。由于计算机课程的硬件部分理论性强、专业术语多，且晦涩难懂，往往在几个星期的理论课讲完后，学生还不知道计算机到底能做什么，更谈不上有什么学习兴趣。鉴于此，在教学计划上，可根据实际，灵活安排，先导入实例进行教学，再讲解理论，而不必按照教材内容按部就班地进行。如在讲授 Excel 的"公式与函数的运用"时，可选取一个实用或典型的例子作为切入点，导入教学内容的开头，先行教学，至于枯燥的理论，可以在以后的教学中适时穿插进行。如可从学生比较熟悉的"工资表"入手，通过讲解"工资表"的功能、应用方法，并上机操作运行，以实实在在的例子，让学生认识到这些内容是能够帮助他们解决具体问题的，是有实用价值的，从而唤起学生的学习欲望，调动起学习兴趣，为下一步的教学活动开好头、起好步。

二、授课讲究方法，提高课堂教学质量

课堂授课是整个教学活动的核心，课堂教学质量的好坏关系到能否让学生真正学到知识。在课堂教学中，应结合计算机课程的特点，充分注重实践性，提高课堂教学质量。长期被动式的学习方法束缚着学生自主学习意识的发展，教学中学习观念的转变是培养其自主能力的首要问题。创新思维是学生在最佳心态得以发展时出现的。这就需要我们在课堂上营造宽松、民主、愉悦、新奇的气氛，为学生形成"最佳心态"创造条件。要做到这一点，最重要的就是培养和建立新型的师生关系。在创造教育活动中，以学生为主体，教师为主导。作为一名教师，要在教育过程中实施教育创新，就必须让所有学生充分展示他的个性，使他积极参与教育教学活动。在教育教学过程中，给他以充分展示的机会，不压制，不打击，不欺骗，使学生各尽所能、各展其才。这样，才能使教育教学活动活泼而又具有创新意义。要做学生的朋友，做到因材施教，教学相长。我们的计算机教学是人机交互以技能操作为主的教学，我们强调对学生动手能力的培养，学生是技能学习的真正主体，利用这个教学特点，让他们意识到你是今天学习的主人，实验结果来自你的努力，教师只是"一位顾问""一位交换意见的参与者"，教师的演示操作仅仅起着指导作用。与学生的第一次接触，就应以此理念要求学生，并贯穿于整个教学过程，让他们产生"断奶"的痛苦，从而去寻求学习的方向，使自主学习的观念渗透到内心之中。

三、课后强化训练，娴熟操作技能

"实践出真知""熟能生巧"。娴熟的操作技能需要大量的训练做前提，而课堂的练

习是宝贵且有限的，这就需要学生在课后用大量的时间来强化训练。

（一）充实实验例子，强化训练

加强训练是培养学生熟练操作能力的一条有效途径。

俗话说："十指伸出来有长短。"由于学生之间存在差异，而与教材配套的实验内容有限，不能满足不同层次学生练习的需要，教师可结合实际，从与学生日常生活和工作相关的计算机问题入手，挑选一些操作性强，并且贴合学生胃口的项目，凭借教学经验自创实验例子，充实实验内容。最好是自创开放型的实验例子，虽然开放型的项目学生完成起来结果可能会有很大差异，但其益处是让每个学生都可以做，可以尽情发挥，且可以尽自己最大的努力去想象，去思考，去设计，去创新，使每个人都圆满完成任务，从而调动了每一位学生的实验热情。诸如在完成了 Word 的基础学习后，教师可设计这样一道实验例子，要求学生编辑一张包含文字、图形、表格的小报，并打印出来。

再者，可通过启发引导、点拨指导等手段，鼓励学生学用结合，自己设计一些应用型的项目。如会计专业的学生，可针对该专业的特点，运用 Excel 的知识制作会计报表等，以此培养学生的操作兴趣和动手能力，提高操作技能和技巧。

（二）加强信息反馈，及时交流指导

学生课后训练的过程，不是单向的活动，教师应加强控制。因此，师生之间要重视信息的反馈。为了学生学习的方便，也为了信息反馈的需要，师生之间可以采用下列方式进行沟通：①教师可将重点习题的操作过程制作成动画课件，挂在本校的网站上，让学生在练习或自学感到迷惘时参考；②教师可将自己的 QQ 号及电子邮箱告诉学生，以便学生遇到问题时能与教师交流。通过信息反馈和交流，学生在训练过程中遇到的疑难问题能及时找到答案或向教师提问，教师也能及时为学生提供释疑和指导。同时，对训练过程出现的新情况，教师能动态了解和掌握，在进行深入分析后，根据需要修正教学方法，或调控教学进度，从而更好地提高教学质量。

四、坚持无纸化考核测试，促进积极参与实践

考核测试是对学生学习动机的一种导向，用什么模式进行考核测试，将引导学生朝哪一个方向努力。坚持无纸化考试模式，对学生平时上机实践起到了很好的促进作用。这种考试模式，不论是理论内容题，还是实践操作题都在计算机上进行，要求学生在真实操作中完成考试，并客观地评价学生的计算机实际应用能力。在这种考试模式的导向下，许多学生都能自觉地争取时间积极参与上机实践，为学习计算机创造一个良好的氛围，对计算机实践性教学起到积极的促进作用。

时代在进步，教育在发展。随着素质教育的不断深化，实践性教学将越来越凸显其重要地位。只要我们坚持科学的教学观，以学生为本，注重学科特点，善于总结，不断

改进，勇于探索，就能够更好地推进实践性教学，开创素质教学的美丽篇章。

第五节　专业计算机教学

培养 21 世纪人才的核心内容就是培养综合素质高的创造型人才，而要实现这一目标，必须首先实现教育思想的转变。同时，计算机技术发展日新月异，以往那种一成不变的教学模式亟待改变，需要把最新的计算机知识加入课程体系中。文章从计算机专业培养方案入手，研究了计算机专业课程的设置问题，同时对计算机课程建设、教学内容与方法改革进行了初步的探讨。对实际工作中的研究、开发、应用归纳为三个过程：理论、抽象和设计。按照现代教育思想处理基础理论与使用计算机之间、素质与能力之间的辩证关系，我们发现传统教育思想以传授知识为目的，而现代教育思想则以培养学生发现问题、分析问题、解决问题的能力为主要目的。为此，我们需要从计算机专业的课程设置及课程教学内容与方法等各方面进行改革，以实现我们的培养目标。

一、计算机专业课程体系设置

从整个大学来看，计算机专业课程设置的总体原则是厚基础、重实践、求创新。计算机科学技术发展很快，但是其基本原理、基础知识是相对稳定的，因此，只要把基础知识学好，就可以为今后的发展奠定良好的基础。计算机技术的发展日新月异，在有条件的情况下开设一些比较新的课程，实现培养人才与社会需求的对接也是很有必要的。

计算机专业课程大致可分为专业基础课程、专业主干课程、专业方向课程三方面。学生可以根据自己的兴趣，选择一个研究方向，发展自己的特长；如网络研究方向，可选择网络编程、计算机网络、网站规划与信息服务、网络操作系统等课程。对于一些主要课程，都可设置课程设计，以加强学生实践能力的培养。另外，根据计算机专业的实践性较强的特点，还必须加强专业实习的组织。

二、计算机专业课程建设

（一）更新教学内容、把握重点

根据计算机课程在培养方案与学科体系中的地位和任务来设计教学内容。由于计算机技术发展极其迅速，因而在教学中一方面专业基础课应有其成熟和相对稳定的教学体系，另一方面需要不断更新其内容和技术背景。

（二）课程建设的其他方面

对于一门课程，除了教学内容之外，还应在师资队伍、教学硬件、教学规章制度、实验室等方面进行综合建设，才有可能把一门课程建设好。

三、教学方法研究与改革

（一）推行"问题式"教学法

现代教育思想强调以培养学生发现、分析、解决问题的能力为主要目的。首先是发现问题，这是认识和解决问题的起点，所以"问题式"教学法是许多现代教育家所提倡、推崇的教学方法。"问题式"教学法的正确使用对于提高学生的素质，强化学生学习的兴趣，调动学生的主观能动性，培养学生的创新能力有积极作用。在教学过程中，我们自始至终都应围绕问题而展开教学活动，激发学生自觉思考、主动探索，引导学生不断发现问题、提出问题、分析问题并最终解决问题，培养学生的创造性思维。

按照"问题式"教学法的思想我们提倡教师在教学过程中精心组织多种方式、多种目的、多种层次的问题，反对将课堂教学视为一个封闭的体系。例如，教师可以自问自答，作为问题或一段内容的引入，避免交代式的讲解；还可以提出问题要求学生做出判断并回答，以抓住学生的注意力。

（二）加强实践和动手能力

1.精练习题，强化基础

习题的作用在于帮助学生深入理解教材内容，巩固基本概念，是检查对授课内容理解和掌握程度的重要手段，是掌握实际技能的基本训练。根据各章节的具体内容，精选习题，促使学生加深对各章节主要概念、方法、结构等的理解。为充分发挥习题的作用，及时指出作业中存在的问题，对普遍性问题集中讲解，对个别性问题单独辅导，对学生写的优秀作业加以表扬。由于专业课程的理论与技术往往表现出较强的综合性、前沿性、探索性，是发展中的科学，我们还应鼓励学生撰写小论文或总结报告，让他们时刻跟踪本课程的最新动态，提高了他们的学习兴趣，强化了课程基础。

2.强化基础实验指导，提高实践技能

上机实践能进一步提高学生灵活运用课程知识的能力，且使学生在编程、上机操作、程序调试与正确性验证等基本技能方面受到严格训练。为此我们加强了对实践环节的过程管理，主要从两方面加以强化：

一方面是规范实践内容。我们专门设计了一套完整的实验大纲，为学生的实践提供指导。同时，对实验报告进行规范，这种规范对于学生基本程序设计素质和良好的程序设计习惯的培养，以及科学严谨的工作作风的训练能起到很好的促进作用。

另一方面是采取"实践—查漏—再实践"的方式进行上机实践。根据教学对象的不同，相关课程精心设计了几组不同类型的有一定综合性的问题作为实习题。不仅抓实验过程中的辅导，同时还抓实验前的准备工作和实验后的总结工作。要求学生每次实验前熟知本次实验目的、、认真编写程序，保证在实验时能做到心中有数、有的放矢，杜绝学生在上机时临时编写程序。实验过程中要求学生仔细调试程序，一周后给出一个示范程序，要求学生对照示范程序发现自己程序设计中的漏洞或不足之处，改进或完善示范程序，然后再修改、调试自己的程序。最后要求学生写出完整的实习报告，实习报告批改后，对学生的上机实习情况做总结。通过这种"实践—查漏—再实践"的方法训练，对实习问题的深入分析、剖析，避免上机变成简单重复，有效地提高了学生的编程能力、分析问题和解决问题的能力。

3.强化课程设计，提升学生综合解题能力

课程设计着眼于全课程，是对学生的一种全面的综合训练，课程设计的目的是使学生通过课程设计掌握全课程的主要内容，并提高学生综合应用知识和软件开发的能力。为此，我们对数据结构、操作系统、汇编语言程序设计等课程设计了一套完整的课程设计实践教学大纲，为学生的课程设计提供指导。规范课程设计报告，按照软件工程的要求，从需求分析、总体设计、详细设计、调试分析、用户使用说明、测试结果等几方面组织文档，要求学生尽量采用软件工程的思想，如模块化、信息隐蔽、局部化和模块独立等来实现程序。

（三）加强教学监控和考核措施

建立由系领导、教研室主任参与的课程建设检查指导小组，定期对课程建设的质量、进度进行检查评估，听取校、系专家的听课意见，以及学生对课程的建议与意见，并及时将意见和建议反馈给任课教师，督促任课教师改进教学方法。

制定严格的教学管理和考核措施，是提高课程教学质量的有力保障。每学期开学前任课教师都必须按照教学大纲认真填写教学进度表，由系主任、教研室主任把关听课制度和教学问卷调查，可进一步检查任课教师的教学质量。考试内容除必须掌握的基础理论外，还特别强调结合实际的问题，培养学生分析和解决问题的能力。

（四）构建"双主"教学模式

网络的平台作用、教学资源、教师、学生都是关系到互动式网络教学的因素。我们的教师在基本保留传统课堂教学环境的前提下，创设多元化的教学环境，使学生能够利用以计算机技术为核心的现代教育技术，通过人机交互方式去主动地探索和思考问题，从而培养学生的创造能力和认知能力，即"双主"教学模式。还可以通过提出问题，引导学生开展讨论、研究、探索、解决问题，采用任务驱动，围绕问题、项目开展实践活动的方式来进行教学。"双主"教学模式的应用推广，有利于学生认知潜力的开发，有利于培养学生的创新精神和认知能力。

经过以上分析探讨，在计算机专业培养方案中必须体现三个目标、三个层次和四方面。三个目标即学生不仅是计算机使用者，更是软件开发者、设计者；三个层次即要求学生掌握硬件、系统软件、应用软件这三个层次；四方面即要求学生不仅具有应用层的编程开发能力，而且还须深入掌握计算机硬软件内部组成原理与工作机制，同时，还应有较强的抽象思维能力以及逻辑推理能力。当然，好的教学方法可以达到较好的教学效果，教师在授课时，可以采用多种方法相结合的方式或者重点用某种方法再辅以另一种方法，这就需要具体问题具体分析了。

第七章　人工智能促进计算机教学变革

第一节　人工智能促进计算机教学变革的基本原理

一、理论基础及启示

（一）教育变革理论

教育变革理论指出，教育处于不断的变革中，变革是推动教育动态发展的动力。教育变革分为有计划教育变革和自然教育变革两类。有计划教育变革是指采取一定方案推行的蓄意教育变革，一般说的教育革新、教育改革、教育革命都属于有计划教育变革。自然教育变革与有计划教育变革相反，是指没有计划方案与人为推行的变革。

教育变革理论认为，教育变革具有非线性与复杂性的特征。非线性是指教育变革从启动到实施不是线性过程，自上而下从组织结构上进行的教育变革并不一定能够取得理想结果；复杂性是指教育变革对象——教育系统是非线性的、动态的，兼具自然性和社会性的复杂系统，对系统的发展预测比较困难。教育变革的非线性和复杂性特征决定了教育变革的不确定性。并不是所有的教育变革都是积极有益的，教育变革的结果可能是"正向的"，也可能是"逆向的"。

教育变革理论对于本书具有重要指导意义，人工智能促进教学变革属于有计划的教育变革范畴。事物本质的改变称为变革，但教学变革不是对传统教学的全盘否定，而是在继承传统教学优势与智慧内涵的基础上，优化教与学的过程，创新教与学的方法与手段。教学变革的过程也应该遵循"量变质变规律"，只有在人工智能与教学充分融合的基础上，才会使教学发生本质上的改变，进而达到整个教育结构的改变。因此，这里所探讨的教学变革是基于具体的教学环境，通过人工智能的有效支持来改变教学各要素的地位和作用的一个过程，包括变革教学资源形态、教学组织方式、学习活动方式、学习评价方式等。其中各要素的地位和作用的状态是评价教学变革效果的重要指标。

（二）分布式认知理论

分布式认知理论是由赫钦斯（Edwin Hutchins）在20世纪80年代对传统认知观点进行批判的基础上提出来的。赫钦斯认为，认知是分布的，认知现象不仅包含个人头脑中所发生的认知活动，还包括人与人之间以及人与工具技术之间通过交互实现某一活动的过程。认知分布于个体间，分布于环境、媒介、文化之中。分布式认知理论认为，认知不仅依赖于认知主体，还涉及其他认知个体、认知工具及认知情境，认为要在由个体与其他个体、人工制品所组成的功能系统的层次来解释认知现象。

分布式认知理论对于人工智能促进教学变革研究具有重要的指导意义。

第一，分布式认知中的"人工制品"，如工具、技术等可起到转移认知任务、降低认知负荷的作用。当学习者的学习内容超出认知范围无法解决时，可借助智能化学习软件帮助减轻认知负荷，引导学习者向深度认知发展。同时可将简单、重复性的认知任务交由智能机器人完成，从而使个体进行更具创造性的认知活动。未来必定是人与智能机器协作的时代，人所擅长的和智能机器所擅长的可能大有不同，人与人工智能协同所产生的智慧，将远超单独的人或人工智能。人机协同已成为个体面对复杂问题的基本认知方式，人类的认知正由个体认知走向分布式认知。

第二，分布式认知强调认知发生在认知个体与认知环境间的交互中。认知个体在交互过程中，有利于建构自身的认知结构。教学中的交互不只是师生间的交互，还包括生生交互、师生与知识的交互、人与机器的交互等，在人工智能支持的智能化教学环境中，交互方式更加多样。通过交互可以重构学习体验，甚至可以通过触觉、听觉、视觉来影响个体的认知。

（三）技术创新理论

技术创新理论指出创新是一种新的生产函数的建立，即实现生产要素和生产条件的一种从未有过的新结合，并将其引入生产体系。创新一般包括五方面的内容：一是制造新产品；二是采用新的生产方法；三是开辟新市场；四是获取新的原材料或半成品的供应来源；五是形成新的组织形式。

创新不仅是某项单纯的技术或工艺发明，而且是一种不停运转的机制。只有引入生产实际中的发现与发明，并对原有生产体系产生震荡效应才是创新。技术创新理论对教育教学创新具有重要指导意义。

一是有助于教育教学的创新。新的技术出现时会给教育教学带来影响，人工智能技术在教学中的应用，将带来新的智能化教学工具，形成新的教与学模式，促进教学评价方式与教学管理方式的创新。教育工作者要积极转变思维方式，探索人工智能与教学结合的新形式，促进技术与教学的深度融合以及教育教学的创新发展。

二是重视学生创新能力的培养。人工智能时代，简单重复性的工作一定会被机器所取代，智能机器正在超越人类的左脑（工程逻辑思维）。人类要保持对机器的优势，一个重要策略是让学生花时间精力开发机器不擅长的右脑，培养人类智能独特的能力，如创新创造能力、想象力、问题解决能力、交流沟通能力及艺术审美能力等，让学生在智能科技发达的今天立于不败之地，这也是教育改革的大方向。

二、技术支撑

人工智能是研究与开发用于模拟、延伸和扩展人的智能的新兴技术科学，通过机器来模拟人的智能，如感知能力（视觉感知、听觉感知、触觉感知）和智能行为（学习能力、记忆和思维能力、推理和规划能力），让机器能够"像人一样思考与行动"，最终实现让机器去做过去只有人才能做的工作。人工智能发展的迅猛之势引发了人们的热议，人工智能能否取代人成为人们关注的焦点。早在 20 世纪 90 年代，计算机科学家弗农·维格（Vernon Vinge）就提出了奇点概念，即人工智能驱动的计算机或机器人能够设计和改进自身，或者设计出比自己更先进的人工智能。面对人工智能，不能过分高估也不要过分低看；对于人工智能对教育的影响，要秉承理性态度来看待。

人工智能的主要研究领域包括智能控制、自然语言处理、模式识别、人工神经网络、机器学习、智能机器人等。近年来，随着计算能力的提升以及大数据和深度学习算法的发展，人工智能取得了突飞猛进的发展，并且广泛运用于金融、医疗、家居等多个领域，各行各业都在积极探索利用人工智能破解行业难题，教育也不例外。人工智能是一种增能、使能和赋能的技术，其在教育中的应用形态分为主体性和辅助性两类。主体性是指特定教育系统以人工智能技术为主体，如智能教学机器人、智能导师系统等；辅助性是指将人工智能的功能模块或部分结构融入教学、资源和环境、评价和管理之中，转变为媒体或工具以发挥其功效，如智能化评价、自适应学习、教育管理与决策等。

技术对教育教学的影响是人工智能、虚拟现实、增强现实、大数据、学习分析等技术综合的作用，不是单一技术就可以产生影响，因此本书结合人工智能、大数据、学习分析等技术与教学的融合创新，从人工智能大发展的时代背景下探讨人工智能给教学带来的新机遇和挑战。

（一）机器学习

机器学习主要研究如何用计算机获取知识，即从数据中挖掘信息、从信息中归纳知识，实现统计描述、相关分析、聚类、分类、规则关联、预测、可视化等功能。

20 世纪 90 年代后，随着计算机性能的不断提升，人工智能迎来了一次新的突破，有数学依据的统计模型、大规模的训练数据，并融合了数学、统计学、信息论等各领域知识的机器学习方法，逐渐在语音识别和机器翻译等领域成为主流。而且随着隐马尔可夫模型、贝叶斯网络、人工神经网络等各种模型方法的不断引入，机器学习取得了进一步的发展，尤其在自然语言理解、模式识别等领域成为技术核心。近年来，以人工神经网络模型为基础的深度学习方法，给人工智能的发展带来了新一轮的热潮。

根据学习模式、学习方法以及算法的不同，机器学习存在不同的分类方法，具体见表 7-1。

表 7-1　机器学习的分类

学习模式	监督学习	利用已标记的有限训练数据集，通过某种学习策略/方法建立模型，实现对新数据的标记/映射	自然语言处理、信息检索、手写体辨识
	无监督学习	利用无标记的有限数据描述隐藏在未标记数据中的结构/规律	数据挖掘、图像处理等
学习方法	强化学习	智能系统从环境到行为映射的学习，依靠自身的经历进行学习	无人驾驶、围棋等
	传统机器学习	从一些训练样本出发，试图发现不能通过原理分析获得的规律，实现对未来数据行为或趋势的预测	自然语言处理、语音识别等
	深度学习	建立深层结构模型的学习方法	计算机视觉、图像识别
其他常见算法	迁移学习	指当在某些领域无法取得足够多的数据进行模型训练时，利用另一领域数据获得的关系进行的学习	基于传感器网络的定位
	主动学习	通过一定的算法查询最有用的未标记样本，并交由专家进行标记，然后用查询到的样本训练分类模型来提高模型的精度	

机器学习研究的进一步深入，也极大地推动了其在教育中的应用，如归纳学习、分析学习应用于专家系统等。

I. 机器学习与教学的适切性

机器学习是通过算法让机器从大量数据中学习规律，自动识别模式并用于预测。机器学习在教学环境中，能够基于大量教学数据智能挖掘与分析数据发现新模式，预测学生的学习表现和成绩，以促进和改善学习。可以说，机器在数据学习过程中处理的数据越多，预测就越精准。教学数据包括学习者与教学系统交互所产生的数据，以及协作、情绪和管理数据等。

当前，应用于教学的机器学习方法有分类、聚类、回归、文本挖掘、关联规则挖掘、社会网络分析等，但应用较多的是预测和聚类。预测旨在建立预测模型，从当前已知数据预测未知数据。在教学应用中，常用的预测方法是分类和回归，一般用于预测学生学习表现和检测学习行为。聚类一般用于发现数据集中未知的分类，在教学中，通常基于教学数据对学生进行分组。

机器学习对于教学环节中的不同人员，如学生、教师、管理者、课程或软件开发者等具有不同的应用目标，见表7-2。

表7-2　机器学习应用目标

教学相关者	机器学习应用目标
学生	实现个性化学习，促进学习表现；根据学习兴趣、能力等个性化特征，推荐自适应学习资源和学习任务，提升学习效率
教师	掌握教学整体情况，获得教学反馈；分析学生的学习表现，预测学生成绩；发现学习存在困难的学生，实施教学干预；反思教学方法，发现学习规律
管理者	评估教师教学表现，改进管理制度；科学分配教育资源
课程或软件开发者	支持课程或软件开发者精准评估，以及维护在线课程和教学系统

2.机器学习教学应用的潜力与进展

机器学习作为人工智能的重要分支，能够满足对教学数据分析预测的需求，其在教学中的应用具有很大潜力。在教师教学方面，将从学生建模、预测学习行为、预警辍学风险、提供学习服务和资源推荐等方面有效助力智能教育，推动教学创新。在学生学习方面，通过机器学习分析学生成绩、学习行为等来预测学习表现，发现新的学习规律，并给出可视化反馈；对学生的表现进行评价，根据不同学生的特征进行分组，推荐学习任务、自适应课程或活动，提高学生的学习效率。

（二）自然语言理解

自然语言理解是研究如何使计算机能够理解和生成人的语言，达到人机自然交互的目的。自然语言理解主要分为声音语言理解和书面语言理解两大类。其理解的过程一般分为三步：第一，将研究的问题在语言学上以数学形式化表示；第二，把数学形式表示为算法；第三，根据算法编写程序，在计算机上实现。

自然语言理解技术从初期的产生式系统、规则系统发展到当今的统计模型、机器学习等方法。其在教育中的最早应用是进行语法错误检测，随着技术的发展，自然语言理解在教学中有了更大的应用场景。有研究者将自然语言理解在教育领域的应用场景概括为四方面：一是文本的分析与知识管理，如机器批改作业、机器翻译等；二是人工系统的自然交互界面，如语音识别及合成系统；三是语料库在教育工具中的应用，如语料库及其检索工具；四是语言教学的应用研究，如面向语言学习的教育游戏。自然语言理解将为在机器翻译、机器理解和问答系统等领域的学习者的学习带来新的方式方法。

1. 机器文本分析

传统对于主观题的判定，如论述、作文等，机器批阅无法给出有效反馈，随着自然语言理解技术的逐渐成熟，依托人工智能技术可以实现对开放式问题的自动批阅。机器批阅有助于学生自主练习时及时获得反馈，可以大大提高学习的效率与效果。

2. 问答系统

问答系统分为特定知识领域的问答系统和开放领域的对话系统。问答系统是指人们提交语言表达的问题，系统自动给出关联性较高的答案，实现人与机器的交流。当前，问答系统已经有不少应用产品出现，它们在接收到文字或语音信息后，先解读内容，然后再自动给予相关回复。在教学当中，问答系统能够充当解决学生个性化问题的虚拟助手，以自然的交互方式对学生的问题进行答疑与辅导。

（三）模式识别

模式识别是使计算机对给定的事物进行识别，并把它归于与其相同或相似的模式中。其主要研究计算机如何识别自然物体、图像、语音等，使计算机模拟实现人的模式识别能力，如视觉、听觉、触觉等智能感知能力。根据采用的理论不同，模式识别技术可分为模板匹配法、统计模式法、神经网络法等，其早期所采用的算法主要是统计模式识别，近年来，在多层神经网络基础上发展起来的深度学习和深度神经网络成为模式识别较热门的方法。而且深度学习算法和大数据技术的发展，大大提高了在语音、图像、情感等模式识别中的准确率。

模式识别系统主要由数据采集、预处理、提取特征与选择、分类决策等组成。

在教学应用领域，为学习者提供个性化学习支持服务的前提是需要采集到学习者的语音、情感等体征数据，通过对这些数据进行挖掘与分析，为后续的个性化学习提供基础数据模型支持。模式识别在教学中的应用主要包括，在实训型课堂中，可以将识别的学生动作模式与标准动作模式比对，指导学生操作；智能识别学习者的学习状态，适时给予帮助与激励；学习者利用语音搜索学习资源等。

（四）大数据

人工智能建立于海量优质的应用场景数据之上。与传统数据相比，大数据具有非结构化、分布式、数据量大、高速流转等特性。大数据通过数据采集、数据存储和数据分析，能够发现已知变量间的相互关系进行科学决策。大数据目前已经应用于金融行业、城市交通管理、电子商务、医疗等各领域，有着广阔的应用前景。而在教育领域，随着教育信息化的发展，教学过程中时时刻刻在产生大量的数据，大数据为教学提供了根据数据进行科学决策的方法，将对教育教学产生深刻影响。

大数据的价值在于对数据进行科学分析以及在分析的基础上所进行的数据挖掘和智能决策。也就是说，大数据的拥有者只有基于大数据建立有效的模型和工具，才能充分发挥大数据的优势。

大数据与人工智能的结合将给教育教学带来新的机遇。海量数据是机器智能的基石，大数据有力地助推了机器学习等技术的进步，在智能服务的应用中释放出无限潜力。因为人与机器的学习方法是不一样的，比如，一个孩童看到几只猫，妈妈告诉他这是猫，他下次见到别的猫就知道这是猫，而要教会机器识别猫，需要给机器提供大量猫的图片。因此，大数据极大助推了人工智能的发展。大数据与人工智能结合将充分发挥大数据的优势，如教育教学过程中存在大量的教学设计、教学数据，根据这些数据训练出的人工智能模型可以辅助教师发现教学中的不足并加以改进。

（五）学习分析

学习分析是随着大数据与数据挖掘的兴起而衍生出来的新概念，它是通过采集与学习活动相关的学习者数据，运用多种方法和工具全面解读数据，探究学习环境和学习轨迹，从而发现学习规律，预测学习结果，为学习者提供相应干预措施，促进有效学习。由此可知，大数据是进行学习分析的基础，学习分析可以实现大数据的价值。

学习分析的目的在于优化学习过程，一般包括四个阶段：一是描述学习结果；二是诊断学习过程；三是预测学习的未来发展；四是对学习过程进行干预。学习分析是迈向差异化及个性化教学的道路。随着各种智能化教学平台、教学 App 等数字化教学工具的应用，教育数据快速增长。通过智能化教学平台持续采集学生学习过程中的各种数据，将教师和学生在课堂上的每一个互动结果记录下来，进而通过学习分析生成数据统计与分析图表。基于此，学生可通过查看学习数据，找出不足，及时调整。教师可很好地了解学生学习特点，制订个性化学习方案，深度分析学生学习行为与学习数据，随时监测学生发展。

三、人工智能促进教学变革的整体框架探讨

教学是教师的教和学生的学的统一活动，教学要素是构成教学活动的单元或元素。从现有研究状况来看，关于教学要素的认识主要有"三要素论""四要素论""五要素论""六要素论""七要素论""教学要素系统论"等，具体内容见表7-3。

表 7-3　教学要素论

类型	内容
三要素	教师、学生、教学内容
四要素	教师、学生、教学内容、教学手段
五要素	教师、学生、教学内容、教学手段、教学环境
六要素	教师、学生、教学内容、教学工具、时间、空间
七要素	教师、学生、教学目的、教学内容、教学方法、教学环境、教学反馈
教学要素系统	教学目标、教学对象、教学内容、教学方法、教学环境、教学评价

由此可见，关于教学要素的研究一直处于动态发展过程之中，人们对教学要素的认知在不断加深，呈现百花齐放、百家争鸣的局面，提出了许多富有创造性的意见和研究思路。

追溯教学变革的研究，可以发现众多学者根据不同的时代背景、不同的技术发展，从不同的教学要素环节，如教学内容、教学资源与环境、教师的教学方式、学生的学习方式、教学评价、教学管理等方面来探讨教学变革。

在已有教学变革研究的基础上，本书结合人工智能在教学中的典型应用，尝试从教学资源、教学环境、教的方式、学的方式、教学管理、教学评价等方面探讨人工智能给教学带来的新机遇和挑战。

通过整合人工智能促进教学变革的构成要素，分析得出资源环境的改变是教学变革的基础，因此以资源环境为出发点，分析人工智能的发展所带来的教学工具、教学资源以及教学环境的改变，进而优化教与学。而教与学又是不可分割的整体，只有在师生积极的相互作用下，才能产生完整的教学过程，割裂教与学的关系就会破坏这一过程的完整性，因此从教师教和学生学这一整体角度探讨人工智能对教与学方式的变革，促进高效教学。而将教学评价与教学管理归为一体去探讨，是基于以下考虑：教学评价与教学管理都属于教学管理范畴，都是主体作用于客体的管理活动。教学管理是现代教育管理体系中相对独立完整的系统，而教学评价则是其中的重要组成部分，教学评价是教学管理的任务之一，又是教学管理的重要手段。两者都侧重于对数据的分析，技术性和科学性较强，人工智能的发展和教学数据的丰富使教学评价与教学管理更加科学化，也更具权威性，使之发挥更大作用。

基于以上分析，本书尝试从教学资源与教学环境、教的方式与学的方式、教学评价与教学管理三部分探讨人工智能引发的教学变革。

（一）教学资源与教学环境

资源环境的改变是教学变革的基础，通过资源环境的改变带动教学的变革，进而创设更加符合学生需求的学习环境，形成良性循环。

技术对教育教学所产生的影响，在很大程度上是转化为工具、媒体或者环境来实现的。首先，人工智能的发展催生了许多新的教学工具与学习工具，如智能化教学平台、教学机器人、智能化学习软件等，这些教与学的工具是教师教学与学生学习的好帮手，为教学注入了新的活力。其次，人工智能的发展为学生获取学习资源带来了极大便利，在学习资源智能进化的过程中，机器已经对资源进行质量把关、语义标注，将资源分为文本、视频等形式，这样智能化学习环境感知到学生需求时，可以自适应推送适合学生的学习资源。而且搜索引擎的发展，让学生可以快速找到所需资源，不用在查找资料方面浪费时间。最后，人工智能的发展为搭建智能化的学习环境提供了便利，驱动数字教育资源环境走向智能化学习资源环境。学校可与人工智能教育企业联手利用人工智能创造利于学生高效学习、深度学习的环境。通过智能感知，构筑更加有利于师生互动的学习环境。

教学工具的创新、教学资源的优化、教学环境的改善，有助于教师轻松开展教学活动，辅助学生高效学习。

（二）教的方式与学的方式

人工智能进入教育领域后，技术支持资源、环境的改变促使教学发生了一系列转变。

在教师教学方面，人工智能可以辅助教师备课，通过人工智能技术智能生成个性化教学内容、实时监控教学过程、精准指导教学实现智能化精准教学；开展基于技术的智能化实践教学；进行个性化答疑与辅导，帮助教师从简单、烦琐的教学事务中解放出来，真正回归"人"的工作，创新教学内容、改革教学方法，从事更具创造性的劳动。

在学生学习方面，通过智能化环境的构建，要着重思考如何引导学生，通过创设不同类型的学习任务，营造支持性学习环境，帮助学生自适应预习新知、智能交互学习新知、智能化陪伴练习、智能引导深度学习，帮助学生不断认识自己、发现自己和提升自己。

同时，教师和学生在教与学过程中对资源与环境的需求，又促使资源与环境朝向人的需求层面转变。

（三）教学评价与教学管理

技术的发展和教学环境的优化，使得教与学的过程数据越来越丰富。如何充分、有效地利用这些数据优化教与学，需要教育工作者对传统学评价与教学管理模式与方法进行变革。

人工智能应用于教育领域，通过采集教与学场景中的数据，利用大数据分析技术对各项教育数据进行深度挖掘，实现检验教学效果、诊断教学问题、引导教学方向、改进教育管理，一方面帮助教学管理者全面督导，使传统的以经验为主的管理方式向智能化、科学化转变，提升管理效率；另一方面，建立学生数字画像，智能分析、评价学生行为，破解个性化教育难题，科学辅助教师进行教学决策。通过人工智能对教学的诊断反馈进而为教学组织、学习活动等提供创新解决方案，提升教学效率。

第二节　人工智能促进计算机教学资源与环境的更新

技术对教育教学所产生的影响，在很大程度上是转化为工具、媒体或者环境来实现的。人工智能本身不能促进教学变革，但是其是一种增能、使能和赋能的技术，可以将它转变为媒体或工具，以在教育教学中发挥功效。人工智能时代的教师，需要具有利用智能化教学工具和智能化教学环境进行有效教育教学和创新教育教学的意识与能力。

一、教学工具的改变

（一）智能化教学平台

随着"互联网+"时代的到来，人工智能的快速发展，众多开放式、智能化教学平台如雨后春笋般不断涌现，这些平台的功能不断完善，融智能备课、精准教学、师生互动、测评分析、课后辅导等功能为一体。目前智能化教学平台各式各样，有综合性的智能化教学平台，也有专门针对某一学科的智能化教学平台。为进一步推进教学模式和教学手段改革，提升教学质量，越来越多的智能化教学平台被广泛应用，用于解决传统课堂抬头率低、互动性不高等问题，得到了广大师生和家长的认同。

l. 智能化教学平台的内涵与特征

智能化教学平台是基于计算智能技术、学习分析技术、数据挖掘技术以及机器学习等技术，为教师和学生提供个性化教与学的教学系统。其主要的特点是运用人工智能技术智能分析学生所学内容，构建学生知识图谱，为学生提供个性化的学习内容以及学习方案；支持自适应学习，实现学习内容的智能化推荐。智能化教学平台的特征主要体现在以下几方面。

(1) 高效性

高效性是智能化教学平台的一个显著特征。从课前、课中到课后，相比传统教学，通过智能化教学平台进行教学，在各个环节上都更加高效，教学过程更加流畅，教学互动更加深入及时，教学效果更加明显。

课前教师通过智能化教学平台进行备课，可与全国各地教师实时共享教案，吸收其先进的教学理念，学习其先进的教学方法；通过教学平台将课前预习资料推送至学生的个人学习空间，并与学生进行及时互动交流，及时调整完善教学设计。课中，可通过各种移动终端连接教学平台与教师实时互动。教师可以"一对多"地解决不同学生的问题，让每一位学生都参与到课堂交流中，真正将课堂还给学生。课下，学生可以在平台上完成作业，还可以与学习共同体完成思维碰撞，由平台完成作业批改，给学生实时反馈，大大提高课后辅导的效率。

(2) 个性化

现代的教育模式是"标准化教学 + 标准化考试"，"流水线"上培养的人才是没有竞争力的，比起向学生传授可能被机器人取代的单纯技术，更应该尝试去培养机器人所不能代替的创新创造能力等。这意味着教育的导向要从标准化转向非标准化。

智能化教学平台通过采集到的海量数据和先进算法，根据学生的学习能力、对学习内容的掌握以及努力程度等，为每个学生提供不同的预习资料，布置不同难度的作业（如对学习内容掌握好的学生可以布置一些创新性的、需要发挥创造力的作业；对学习内容掌握一般的学生就布置一些基础性作业），并且课程内容会随着学生学习的进步情况动态调整，略过学生已经掌握的知识点，强化学生薄弱环节，从而真正实现因材施教，实现个性化难度的自适应学习。

除了教学的非标准化，面向人工智能时代的教育改革还包括考试的非标准化。教师有时难以把握考试出题的难易程度，而且针对所有学生都是一套试卷，对学习基础较差的学生来说，每次成绩的分数都偏低不免打压学习的积极性。个性化教学应该为不同的学生准备不同的考试试卷，且不同的试卷并不会增加教师的工作强度。通过智能化教学平台，根据每个学生的学习记录智能组卷，还可以通过机器批改，自动生成教学评估报表，个性化评价学生的进步与不足，指导学生的努力方向。

(3) 数据驱动

智能化教学平台可以采集到海量数据。例如，通过签到可以一目了然地看到学生的出勤情况。通过测试题，一方面可以看出教师出题的行为，包括教师的发布时间、是否做过修改；另一方面，还可以看出学生答题行为，包括做了多少题、正确率是多少。通过课堂上教师在智能化教学平台上记录学生的表现，为评价学生提供可量化的参考。

智能化教学平台还能起到行为监测作用，进行对比分析。例如，可以跟踪高考成绩不同、家庭环境不同的学生学习行为，与系统的数据模型进行比对，分析行为差异。从教师角度可以分析不同教龄、不同学历的教师，对教学过程的把控、教学效果等方面有何不同。

对教学评价中评分较高的教师，可以深入剖析他的教学过程具体好在哪里。同样对于成绩较差的学生，通过学习数据可以找到他是何时开始松懈的，是自始至终都不愿意学习，还是在学习过程中遇到困难产生了退缩情绪，从而清楚掌握学生的学习态度于何时发生了变化，并且可以观察学生在接收到学习预警后有无变化。

（4）虚实交融

智能化教学平台将虚拟和现实连接起来，促使学生将学习与实践相结合。随着人工智能的发展，虚拟现实技术更加"智能"。通过人工智能可以提高虚拟空间的效果，带来更佳的用户体验。

①虚拟教师

面向未来的教学，虚拟教师要主动提出好问题，以激发学生思考的热情，积极主动探索问题的答案，并且通过问题要教会学生如何批判地看待世界。此外，更重要的是，虚拟教师要教学生如何提出问题，培养学生面向未来提问的习惯和能力。

②虚拟学习伙伴

虚拟学习伙伴可以与学生协作完成学习任务。虚拟学习伙伴可以通过故意提出错误的理解，激发学习成员的讨论，也可对成员讨论的结果做一总结性概括。借助人工智能为学生构建虚实相融的学习环境，学生在虚拟融合的环境中可以进行更加个性化、沉浸式以及趣味化的学习。通过个性化定制虚拟学伴形象，辅助学生学习，让学生集中注意力，在规定的时间完成学习任务，优化学习过程。虚拟学伴在学生完成学习任务时给予点赞，未完成时给予监督鼓励，让学生感受到人文关怀，积极、主动地去完成任务，不需要在教师和家长的压力和要求下被动地学习。

2.智能化教学平台的技术支持

智能化教学平台借助自适应、大数据、云计算等技术，实现了教师、学生及家长的全面连接。

（1）自适应提升教学的精准性

随着学生对个性化学习需求的呼声越来越高，以及学习分析技术的飞速发展，自适应学习技术从开始的不成熟，逐渐发展为成熟可行且有效的学习技术。它可以自动适应不同学生的学习情况，利用知识空间理论，拆分知识点、"打标签"（包括学习内容的难易度、区分度等），智能预测学生的能力水平，为学生推荐学习路径，精细化匹配学习资源，智能侦测学生学习的盲点与重复率，从而指导或帮助他减少重复学习的时间，提高学习效率。

（2）大数据助推教学过程的科学化和可视化

大数据技术可实现学生学习数据全追踪，持续采集学生学习过程中的各种数据，对点滴进步进行一一记录。通过智能化教学平台将教师和学生在课堂上的每一个互动结果记录下来，并自动生成可视化的数据统计与分析图表。基于此，学生通过查看学习数据，找出不足，及时调整。教师可很好地了解学生学习特点，制订个性化的学习方案，深度分析学生学习行为与学习数据，随时监测学生发展，从而可以合理调整教学过程、干预学习行为。

（3）云计算拓展了教育资源的共享性

通过云计算，学生的学习资源和教师的备课资源可在云端实现共享，拥有强大计算功能、海量资源的智能化教学平台，可有效解决当前网络教学平台建设中存在的资源重复投资、信息孤岛等问题。此外，学生可通过网络连接从云端获取所需学习资源和服务。学生的学习过程数据将实时储存到云端，保证学习数据不丢失，为分析学生的学习行为提供数据支持。

3. 智能化教学平台的功能模块

智能化教学平台能够提供个性化学习分析、智能推送学习内容等服务。在数据采集上，将学生的学习档案数据、学习行为数据等信息数据存储在数据仓库中。在此基础上，整合自适应技术、推送技术、语义分析等人工智能分析和大数据挖掘技术，以支持学习计算。在学习服务上，提供个性化学习路径推荐服务。由此可见，智能化教学平台依赖三个核心要素，即数据、算法、服务，其中数据是基础，算法是核心，服务是目的，因此本书尝试从这三方面对智能化教学平台的功能进行解析。

（1）数据层

数据层是教育数据的输入端口，也是面向上层服务的基础接口，主要负责采集、清洗、整理、存储各类教育数据，一方面是收集学生的学习行为、学习成果、学习过程等信息数据；另一方面需要收集教师教学数据，包括备课资源等。

（2）算法层

算法层主要由各种融合了教育业务的人工智能算法组成，按照系统的方法，对数据层的各类教学数据进行各种计算、分析，实现数据的智能化处理。比如，通过对班级所有学生的行为数据、基础信息数据和学业数据进行智能学情分析，得出学生个体与班级整体的画像，根据学生的学习兴趣，为其提供不同的学习资料，布置不同难度的作业，激发学生的内在学习动机。

（3）服务层

服务层通过接收来自算法层的数据处理结果，提供给用户所需的教育服务。在学习服务上，基于个性化分析结果，为学生提供涵盖学习内容、学习互动、个性化学习路径等推荐服务，辅助学生进行个性化学习。在教学服务上，通过对教师教学过程数据分析，帮助教师总结得失、监控教学质量、调整教学设计，从而实现教学过程的精准化。

（二）智能化教学机器人

I. 教学机器人及其特征

国际机器人协会给机器人下的定义是，机器人是有一定自制能力的可编程和多功能的操作机，根据实际环境和感知能力，在没有人工介入的情况下，在特定环境中执行安排好的任务。未来，如若人工智能跨越了情感交流的屏障，人类或许真的能与机器心灵相通。目前，人工智能已经进入社交和情感陪护领域。

在教育领域，教学机器人是以培养学生分析能力、创造能力和实践能力为目标的机器人。教学机器人使用到的关键技术主要有仿生科技、语音识别和自然语言理解等，它的发展目标是希望和"真人教师"一样进行感知、思考和互动，达到减轻教师的工作负担、优化教学效果的目标。教学机器人应具备以下特征。

（1）教学性

教学机器人应该具备广博的知识储备，并且具备自我学习、自我进化的能力，熟悉最新的科技发展成果。它能像真人教师一样，了解自身的专业结构，了解自己的教学方法，了解学科知识层存在的问题，通过观察记录学生的学习情况，不断调整教学策略，实现由传统形式单一、经验主导的方式转变为人机协同，达到数据及时分享并深度挖掘的精准、个性化教学，真正完成传道授业解惑等教师的职业要求。

（2）自主性

教学机器人应该具备感知能力、思考能力，对教师与学生的状态能够进行及时准确的分析，能够进行自主决策。

（3）交互友好

机器人在与学生交流过程中，应该幽默有趣，能够吸发学生兴趣。作为学习伙伴，教学机器人应该能够进行无障碍人机交流，可以完成问题答疑、提供学习资源、引导学习互动的氛围等。

2. 教学机器人的分类

教学机器人分为机器人教育和教育服务机器人，机器人教育主要是以机器人为载体，通过观察、设计、组装、编程、运行机器人，激发学生学习兴趣，训练学生逻辑思维能力，培养学生的创新意识和动手实践能力，让学生在"玩中学"、在实践中获得知识。目前，大部分的学校还未将机器人教育归入正规课堂，多数还是采取课外活动、兴趣班等形式进行机器人教育。一般是学校预先购买机器人器材、套装或散件，再由专门教师进行指导教学。教育服务机器人是指可以执行一系列教与学相关任务的自动化机器。随着人工智能的发展，教学机器人开始频繁地出现在人们的视野内，并逐步应用于教育领域。

从我国教学机器人的发展现状来看，其应用情境分为两类：一是针对儿童的益智类机器人，主要陪伴儿童学习玩耍，为儿童提供多样化的教育方式，寓教于乐地引导儿童学习，促进良好生活习惯的养成，如智能玩具、教育陪伴机器人等；二是在教学领域中，能够为教学活动提供支持的辅助教学类机器人产品，如机器人助教、机器人教师、医疗机器人、特殊教育机器人、虚拟教学机器人等。本书通过整合当前我国教育机器人的相关案例，分析其中两类七种教育机器人（智能玩具、教育陪伴机器人、机器人助教、机器人教师、医疗机器人、特殊教育机器人、虚拟教育机器人）的使用情况，展示在变革教与学方式中教学机器人的广阔应用前景（见表7-4）。

表7-4 教学机器人的类型

用途	类型	说明	产品案例
教育陪伴类	智能玩具	是一种融教育性和娱乐性为一体的新型玩具形式，不仅儿童爱玩，更是寓教于乐，通过儿童与智能玩具的交互完成预先设定的教学任务	Story Teach、乐高机器人
辅助教学类	教育陪伴机器人	根据儿童的年龄及兴趣，陪伴学习，儿童可以与机器人"一问一答"学知识，还可以学习故事儿歌、唐诗宋词、数学、英语等，帮助儿童养成良好习惯，可以智能识别儿童的情绪	布丁S、智小乐、大白、"未来教师"
	机器人助教	辅助教师完成简单或重复性教学活动	"小美"教师、"Saya"教师
	机器人教师	机器人扮演教师角色，独立完成课堂教学活动	墨西哥国立大学机器人
	医疗机器人	通过模拟各种疾病症状的软件系统，提供真实的教学环境，让医学生进行实践练习，训练医科学生	应用医院
	特殊教学机器人	为频谱障碍、自闭症等特殊人群设计的机器人	Ask Nao、Milo
	虚拟教学机器人	是一类软件	微软小冰、Jill Watson

（1）益智陪伴类机器人

比起需要完成固定教学任务的教师来说，机器人可能更容易得到儿童的好感，吸引儿童的注意力。在儿童与机器人的交互中，可以培养儿童的语言表达能力、创造力和想象力，这些能力的发展对于处于认知发展阶段的儿童来说格外重要。如奇幻工房(wonder workshop）公司推出的名为达奇（Dash）和达达（Dot）的两个小机器人，它们是几个可爱的几何形体组合，可以帮助 5 岁以上的儿童学习编程，开发儿童的动手能力和想象力。

（2）辅助教学类机器人

世界上第一个机器人教师"Saya"是由日本科学家在 2009 年推出的，并在东京一所小学进行试用，为学生上课。她会讲多种语言，还可与学生互动，回答学生简单的问题，并可以完成点名、朗读课文、布置作业等基本教学活动，此外她还会做出喜怒哀乐等多种表情。韩国也大力推广机器人教师，从 2009 年起，30 个蛋形机器人在韩国小学教学生英语，受到学生的广泛欢迎，并且实践证明，机器人英语教师有助于提升学生英语学习兴趣。

此外，机器人还在医学教育领域扮演着重要角色，传统医学的学生想要独自做手术，需要在医院实习，而有时患者及其家属会拒绝实习医生的治疗。当前，亟须借助人工智能、虚拟现实等前沿科技力量提升医学教育水平。医学模拟通过各种教学系统和场景设置，为学生提供实践学习，使学生了解患者的病症，无须对真实患者进行实际操作。

未来，可以将病患的核磁共振、CT 扫描等影像数据，通过人工智能系统处理，得到真实复原的全息化人体三维解剖结构并可将其投射在虚拟空间中。学生可以在虚拟空间中全方位地看到病患真实的人体结构的解剖细节，对病变的器官进行观察和立体分析，精确测量病变器官的位置、体积、距离等数据。观察结束后，学生还可以设计手术治疗方案、评估手术风险、虚拟解剖以及模拟手术切除等。

在我国，对机器人教师的报道也此起彼伏，北京师范大学与网龙华渔共同研发的"未来教师"机器人已经在部分学校开始测试，它不仅可以帮助教师朗读课文、批改作业，还可以通过传感器识别学生的身体状况，如果学生发烧，机器人会提示教师。更为神奇的是，它还可以帮助教师监考，发现作弊的学生。

3. 智能化教学机器人的实践困境与发展趋势

（1）实践困境

智能化教学机器人驱动教学应用创新，为教学提供新的工具和资源，促进教学组织方式的进一步变革，有助于吸引学生的学习兴趣。目前，教学机器人在教学中的应用还处于探索阶段。网龙华渔、科大讯飞等一些教育公司和研究机构设计开发出用于陪伴儿童学习的或是专门用于学校教学的教学机器人，形成了一定的社会影响。

教学机器人在真正的课堂教学中还未发挥其优势，在教学中的普及与推广还存在很大局限，主要体现在智能化教学机器人的软硬件设施成本高、价格比较贵，配备教学机器人的家庭和学校需要具有一定的经济基础；教学机器人的智能性还不够；缺少相应的课程内容，教学机器人的设计与开发不仅要有技术上的突破，还要有教学设计师的配合，设计对应的教学内容，推动教学机器人的应用与实践。

未来教学机器人的研究应更关注教育教学的理论与教学机器人的深度融合，实现教学资源的共享。通过研发符合教学需求的新资源和新工具，为教学注入新的活力，助力教学创新。

（2）发展趋势

未来智能化教学机器人能够达到与人类特级教师相当的水平，或者达到特级教师都达不到的水平。智能化教学机器人可进行学习障碍诊断与及时反馈，根据学生的学习状态向其提供帮助；智能教学机器人可与学生进行对话，在对话过程中，了解学生的需求，给予及时响应与反馈；感知学生的知识掌握状态，根据知识掌握程度提供差异化教学方案和个性化陪伴。

未来，希望能够通过智能化教学机器人与儿童对话后，对一段时间的对话数据进行分析，发现学生在这段时间内的情感、情绪、认知方面存在的问题，根据发现的这些问题，给学生相应的帮助和支持，从而实现类似人类教师的智慧内置到智能教学机器人中，具备自然语言理解能力且具有和真人一样的交互性，这是教学机器人的理想发展目标。

（三）智能化学习软件

随着万物互联的实现，人工智能时代的信息变化速度会比互联网时代更快。因此，善于运用学习工具，如在线互动协作工具、信息检索工具、翻译工具等，能帮助学生在学习过程中达到事半功倍的学习效果。

有效的学习工具可以促进学生的主动学习，比如，在进行英语写作练习时就可以利用英语学习软件，自发组建英语学习小组，就感兴趣的话题展开讨论，写成文字报告，机器批改、同伴互改，学习方式互动性强，好友 PK、成绩排行等可以提高学生英语写作的积极性。随着图像识别技术、语音识别技术的发展，越来越多的拍照搜题类和语音测评类的个性化学习工具被应用于教育领域，成为辅助中小学生课外学习的好帮手。这些软件都运用智能图像识别技术，使学生在遇到难题时，可以通过手机拍照上传，在短时间内就可以给出答案和解题思路。而且这些软件不仅可以识别机打题目，对手写题目的识别正确率也越来越高，在很大程度上提高了学生的学习效率。

这些学习软件作为学生学习的帮手，解决了传统教育环境下辅导机构价格高、优质家教资源少的困境，可以及时辅助学生学习，让学生做作业的过程变得更加轻松，从而让学生更加主动积极地去完成作业，进而促进学生的学习。

二、教学资源的优化

传统教学资源无法满足学生个性化学习需求，难以促进教学方式的转变。人工智能应用于教学将有助于改善现有不足，本书探讨人工智能在支持智能进化教学资源、智能推送教学资源及智能检索教学资源方面所发挥的功效，希望能够满足学生获取个性化资源的需求，为教学资源的智能化升级改造提供一定指导。

（一）智能进化教学资源

1. 教学资源进化存在的问题

教学资源进化所指的资源是数字化学习环境中的数字学习资源，并不包含传统意义上的一般教学资源（教材、试卷等）。当前教学资源建设模式基本可以分为两类，即传统团队建设模式和开放共创模式。传统团队建设模式下的教学资源，比如网络课程、精品资源共享课等，主要是由专门的资源制作团队负责设计、制作与维护，主要用于正规学校教育，具有较强的专业性和权威性。但是，这种建设模式下的课程资源更新方式与传统教材并无区别，需要专门的维护人员进行资源的更新。虽然也有进化过程，但是资源进化更新速度缓慢。

随着 Web 理念和技术的普及，教学资源的开放共创模式正在不断发展，可以让用户参与到教学资源的协同建设和更新，通过用户的集体智慧实现教学资源的不断进化。这种模式下的教学资源具有内容开放、更新速度快等优势，主要适用于非正式学习。然而开放共创的资源建设模式在进化过程中也存在一些不足，主要表现在以下两方面。

（1）进化缺乏控制，散乱生长

开放的资源结构，如维基百科，允许用户协作编辑内容，在聚集群众智慧的同时也导致了资源内容的散乱生长。不同用户对同一学习资源进行添加、编辑、删除，导致原有资源内容混杂，可能存在与主题资源不相关的内容，严重影响了资源的质量。这些问题主要是由于缺乏完善有效的资源进化保障机制，缺乏对资源进化的智能有效控制，因此需要智能技术手段客观动态地控制资源进化方向，优胜劣汰，增强资源的生命力。

（2）资源难以动态关联

资源的进化除了内容的发展外，还关系到资源结构的完善。资源间的动态关联，有助于相似资源的合并，帮助学生更快检索到自己所需资源。然而，数量庞大、形态多样的数字资源在组织、关联方面大多采用静态描述方式，缺乏可被机器理解和处理的语义描述信息。资源之间难以实现语义方面的关联，在很大程度上影响了资源的联通，影响了资源的优胜劣汰和持续进化。

2. 教学资源智能进化流程

目前对于学习资源的进化，大多还是从学生进行个性化编辑或是专门人员的资源审核，来实现资源的动态生成与进化。对于优质资源的良性循环、劣质资源的智能识别与淘汰、同主题资源的智能汇聚与选拔等，依旧是教学资源进化所面临的重大研究课题。资源进化需要更强的进化动力、更完善的进化保障机制和更适合的进化技术支撑。教学资源智能进化的目标是实现教学资源的不断自我更新、不断成熟发展、不断适应学生的学习需求。因此，本书尝试从资源自主智能进化角度，对学习资源进化进行初步分析，基于人工智能的一般处理流程，综合资源的语义建模技术、动态语义关联及聚合有序进化控制技术等，构建教学资源智能进化流程。

（1）机器对新发布资源的质量进行把关

有关资源质量的评价量表，可以由国家教育部门制定，交由机器学习，在资源发布前由机器对资源进行打分，进行学习资源的质量把关，达到一定分数的资源才可以进行发布。目前，机器学习主要有两种方法，一种方法是像微软小冰学习写诗。小冰是一款人工智能虚拟机器人，它可以"读出"图片内容，然后像写命题作文一样生成一首诗。小冰是通过"学习"20世纪20年代以来的519位诗人的现代诗，被训练了超过1万次，才学会写诗技能。当前，机器对资源的质量把关主要可以采取这种方式。另一种方法是像AlphaGo Zero一样"自学成才"，它不需要人类的数据，而是通过强化学习方法，从单一神经网络开始，通过神经网络强大的搜索算法，进行自我对弈。随着训练的深入，Deep Mind团队发现，AlphaGo Zero还独立发现了游戏规则，并走出了新策略，给围棋这项古老游戏带来了新的见解。未来，可能不需要由人制定资源的评价量表，而是由机器自主学习，实现对资源优劣的自我判别。

（2）机器对资源打标签

机器可以自动实现对资源进行语义标注。教学资源形式多样，有文字、图片、音频、视频等形式，对应不同的资源，机器标签也不同，如对于图片、文本就可以标注学习资源的知识点内容、内容质量、难易度等；对于视频、音频，机器要自主学习，在关键知识点处标记出知识内容，方便学生后期检索学习资源。教学资源的语义标注信息，可以使机器能够像人的大脑一样理解和处理信息，实现资源间的动态联通、重组和进化。

（3）机器对资源进行重组

机器通过语义关联，自动挖掘新上传资源与以往资源的语义关系，将相似资源通过语义关联机制，自动进行重组，实现对同类资源的自动汇聚（资源内容、资源形式），汇聚成专题资源。最终，所有资源都会成为资源网中的一个节点，在与其他资源节点的相互关联作用中实现自我进化。资源重组有效避免了资源的散乱生长，实现教学资源持续、有序进化。

（4）机器对资源进行追踪分析

对资源的使用情况还应建立相关评价机制，由机器跟踪、分析不同用户对资源的使用情况，包括用户对资源的评价、资源的浏览量、资源的使用频率等情况，机器自动进化优良资源，分解劣汰资源，从而保证资源的优化和调整，实现资源的"优胜劣汰"。

教学资源进化是一个复杂的系统过程，涉及资源、技术、人等多个要素，教育行业需要加大对资源进化的关注，促进资源的智能进化。

（二）智能推送教学资源

随着万物互联的实现，信息和知识的更新速度加快，使优质、个性化的教学资源在短时间内被用户获取，资源推送不失为一种好的方法，也是有效解决学习资源海量增长与学生信息处理能力有限之间矛盾的措施之一。一些互联网公司已经实现商业上的个性化推送，如打车软件可以做到根据用户的位置、目的地等推送合适的司机；电商可以做到根据用户的浏览和购买行为进行追踪分析，实现个性化推荐商品。而资源推送在教育领域也不是新的概念，许多在线学习平台已经具备资源推送的功能。

传统的推送方式主要采用电子邮件推送、用户订阅、发送链接，没有实现个性化、智能化的推送目标。此外，在传统教学中，学生做许多道题，教师才可能发现学生知识点欠缺的地方。在教育领域中要想实现教学资源的个性化匹配，应考虑学习过程的复杂性，对于任何一个学生，不论当前处于怎样的学习状态，其下一步要学习什么、怎么学、达到怎样的程度，这些都是需要综合判断和测量的。面对这些复杂的教学问题，要基于对学习者特征的测量和量化描述，最终推送适合学生的学习内容。

智能推送可以预测和识别用户的个性化特征与需求，从而有针对性地主动推送教学资源，以便在信息泛滥的大数据时代为用户提供针对性、个性化和智能化的服务，满足用户轻松获取所需信息的需求。

相比传统教学对学生采取的"题海战术"，利用人工智能帮助拆分知识点、"打标签"（包括资源类型、难易度、区分度等），为学生个性化匹配学习资源，智能查找学生学习的盲点与重复率，从而指导或帮助他们减少因为"题海战术"而浪费的时间，提高学习效率。因此，本书设计出智能推送教学资源的流程。

1.数据获取及处理

智能推送的前提是获取大量的学习数据，通过数据挖掘与分析，了解学生的学习习惯、学习兴趣、学习风格、学习偏好等个性化特征。智能化教学环境、教学平台、移动终端以及各种智能穿戴设备等，将学习者学习过程数据实时记录下来。根据数据分析对象，提取数据分析中所需要的特征信息，然后选择合适的信息存储方法，将收集到的数据存入数据管理仓库。

2.智能分析

通过人工智能对学生的学习情况（学生模型、学科知识掌握情况、学习情绪等）数据进行深度挖掘与分析，发现学生的学习强项与知识薄弱点、学习兴趣、所需资源类型等。

3.智能推送

将系统的资源与智能分析的结果进行比对，选择学生需要的学习资源，进行针对性推送，保证资源推送的动态性与实效性。

4.检测学习情况

系统推送测试题检测学生知识点掌握情况，若当前知识点已掌握，则进入下一知识的学习；若判断学习效果不佳，则继续推送不同类型的学习资源。

（三）智能检索教学资源

1.当前检索系统存在的不足

计算机和网络的发展为教与学提供了海量信息资源，如何更好地利用网络资源，提升资源检索的智能化程度是教育技术领域的重要研究方向。目前，网络上有很多搜索引擎。互联网的诞生给教育带来了前所未有的变革，信息资源异常丰富，从我国推行的视频公开课、资源共享课，到近些年由美国兴起的慕课，网络教育资源让学生"足不出户"便可游遍知识海洋。但是真正想找到适合自身需求、高质量的学习资源却如同大海捞针。当前的检索技术方面还存在一些不足，主要表现在以下方面：一是个性化服务不足，大多数检索系统都是以关键词为检索方式，却无法适应每个用户的检索习惯；二是用户与搜索引擎的交互方式单一，大多还仅仅体现在文本输入形式的信息交互；三是搜索引擎的相关性和准确度不高，导致用户不能从检索结果中找到符合自己需求的资源。

2.新一代搜索引擎的发展

那么如何让学生快速准确找到所需资源呢？当智能推送的资源不能完全满足学生的需求时，学生又如何根据自身需求，检索所需的知识及资源？

人工智能的出现使得搜索引擎突破传统的网页排序算法，进化到由计算机在大数据的基础上通过复杂的迭代过程自我学习最终确定网页排名。早期的网页排序算法是通过找出所有影响网页排序结果的因子，然后依据每个因子对结果排序的重要程度，用一个复杂的、人为定义的数学公式将所有因子串联起来，计算出结果页面中最终的排名位置。当前搜索引擎所使用的网页排序算法主要依赖于深度学习技术，其中网页排序中的数学模型及数学模型中的参数不再是人为预先定义的，而是计算机在大数据的基础上，通过迭代过程自我学习的。影响排序结果的每个因子的重要程度是由人工智能算法通过自我学习确定的，使得搜索结果的相关度和准确度得到大幅提升。

3. 智能检索对教与学的支持

近年来，通过人工智能在自然语言理解、语言识别、网页排序、个性化推荐等取得的进步，百度、谷歌等主流搜索引擎正在从简单的网页搜索工具转变为个人的知识引擎和学习助理。可以说，人工智能让搜索引擎越来越"聪明"了。搜索引擎的优化，让学生精确找到所需资源，再也不会在知识的海洋中忍受饥渴，其对教与学的支持主要表现在以下两方面：一是检索交互多样化。智能化搜索引擎可提供多种检索模式，如快捷检索导航、文本信息检索、语音检索、个性化定制导航等，为不同文化背景的资源需求者提供便利。二是检索结果个性化。根据个人信息登录的搜索引擎记录，对检索记录进行数据挖掘、动态语义聚合成个人知识引擎，根据学生的爱好、搜索习惯等个性化提供资源类型（文本、图片、视频、音频等），有助于提升学生的学习兴趣、开展自主学习，满足学生的个性化需求，最大限度地避免网络迷航。

三、智能化教学环境

教学环境的发展是促进教学变革的基础。新一代的学生对教学环境的建设提出了更高的要求，如智能感知学生需求、个性化提供学习服务等。为满足学生对教学环境的诉求，智能化教学环境成为当代教育环境发展的必然趋势。

（一）智能化教学环境的概念与内涵

1. 教学环境的演变

教学环境是影响学生学习的外部环境，是促进学生主动建构知识意义和促进能力生成的外部条件。随着技术的发展，教学环境也在不断优化。从早期的留声机，到无线广播应用于远程教学、扩大教学规模，再到电视机支持电视教学，录像机成为视听学习源泉等，再到现代的多媒体计算机、网络，这些技术都在教学中发挥过举足轻重的作用，对教学环境的发展具有积极的推动作用。1998 年，美国前副总统戈尔提出"数字地球"的概念，并进而引出数字校园、数字城市等概念，教学环境的研究与实践步入数字化时代。然而，数字化教学环境下的学生的学习场所仍比较固定，就是教室，学生获取知识的来源也比较单一，主要是教师讲授，教师为教学主导，忽略了学生学习的主体地位，以灌溉式完成教学任务，没有很好地指导学生形成勇于探索和批判的创新精神。

2.智能化教学环境的概念

（1）感知化

智能感知是智能化教学环境的基本特征。在人工智能与各种嵌入式设备、传感器的支持下，对教学环境进行物理感知、情境感知和社会感知。物理感知主要是指对教学活动的位置信息和环境信息进行智能感知，如温度、湿度和灯光等，为学生提供温馨舒适的学习环境；情境感知是从物理环境中获取教学情境信息，识别所需的各种原始数据，从而构建出情境模型、学生模型、活动模型和领域知识模型，为教学活动的开展推送教学资源、连接学习伙伴等；社会感知包括感知学生与教育者的社会关系，感知不同学生的学习与交往需求等。

（2）泛在化

智能化教学环境应该是一种泛在的教学环境，能够支持教学共同体随时随地以任何方式进行无缝的教学、学习与管理，同时为其提供无处不在的教学支持服务。泛在教学环境不是以某个个体（如教师）为核心的运转，而是点到点的、平面化的学习互联"泛在"。目前，教学资源都是以文本、视频、音频、动画、图片等数字化形式存在，利用人工智能可将教学资源数据化，通过将音频转换为文字，将文字内容智能识别，可以提高信息的传播速度、提高教学资源共享率，而且可以根据不同学习者的学习风格自动转换学习资源类型，帮助学生获得良好的学习体验。

（3）个性化

在大数据、学习分析、数据挖掘等技术的支持下，为教师和学生提供个性化的教学环境是教学环境发展的重要方向。智能化教学环境通过感知物理位置和环境信息，记录教师和学生教学与学习过程中形成的认知风格、知识背景和个性偏好，从而为其提供个性化的教学资源、工具和服务。

（4）开放性

利用人工智能打造一种云端学习环境，为学生提供开放的、可随时访问的、促进学生深入参与的学习环境，支持开放学校、开放教师、开放学分、开放教学内容，支持全球课堂的发展。云端学习环境下，学生不再是系统地听教师的知识传授，因为知识在家里也可获取，在这种环境下重要的在于交流，学习环境由原来的知识场变为行为场、交流场、激发场，通过局部小环境的变化带来学校环境的整体变化。正如美国斯坦福大学的新型教育模式"斯坦福2025项目"所指出的那样，教育不是去教授，而是为学生创造新型的学习环境。

（二）智能化教学环境的技术支持

教育人工智能的目标就是促进自适应学习环境的发展。《新一代人工智能发展规划》指出，要实现高动态、高维度、多模式分布式大场景感知。人工智能不仅要听懂人类的声音，更重要的是要学会"察言观色"，感知人类的情绪。在这一方面，智能感知、生物特征识别等技术的飞快发展，为智能化教学环境提供了有力支撑。

1. 智能感知

智能感知是利用 RFID、QRCode 等各类传感器或智能穿戴设备，获取教师和学生的姿势、操作、位置、情绪等方面的数据，以便分析教学和学习过程信息，了解访问需求，连接最有可能帮助解决问题的专家，或者为学生构建相同学习兴趣的学习共同体，提供合适的支持服务。

智能感知是实现个性化学习资源推送的基础，其目标是根据情境信息感知学习情境类型，诊断学生问题，预测学生需求，以使学生能够获得个性化学习资源。智能感知涉及学生特征感知、学习需求感知等。在学生特征感知方面，智能化教学环境综合数据分析和学生行为分析，能够自动识别学生特征，判断学生的学习风格，从而帮助教师准确定位，实施更具针对性的教学。在学习需求感知方面，通过智能感知教学环境、识别学生特征、学习数据分析等方面智能匹配学习任务、学习内容，根据学生情绪变化智能调节教学进度。

2. 生物特征识别

生物特征识别技术是指通过个体生理特征或行为特征对个体身份进行识别认证的技术。其在教学中的应用较为广泛，无论是语音识别、人脸识别、动作识别，还是脑波识别，都属于生物识别范畴。这些识别技术应用于教学，有利于教师识别出学生的学习状态，动态调整教学内容、教学进度，达到更好的教学效果。

（1）人脸识别

人脸识别是一种机器视觉技术，是人工智能的重要分支。近些年来，人脸识别渐渐走入我们的日常生活，如火车站安检、刷脸支付、刷脸开机（手机）等。在教学领域，人脸识别在教学场景中也慢慢发挥其作用。一方面，人脸识别技术可用于国家教育招生考试中，严密防范考试作弊行为。另一方面，可以在智慧教室中，配备高清摄像头，捕捉每一个学生的面部表情，根据面部表情分析出学生的注意力是否集中，以及对所学知识点的掌握情况，然后将这些数据反馈给教师。教师根据反馈调整讲课的节奏、讲课的内容，以达到更好的教学效果。

（2）动作识别

动作识别是人工智能模式识别的一个分支，研究怎样使计算机能够自动依据传感器捕获到的数据正确辨析人类肢体动作，将动作准确分类，还可以根据某些策略和规则对该动作提出干预意见，从而帮助人类修改可能产生的异常行为。动作识别可以用于实训型的教学场景中。传统实训课堂环境下，学生操作是否正确需要教师进行判别，但教师在有限精力内只能观测少量学生。将动作识别应用于教学环境可以有效解决以上问题，系统可以自动识别每一个学生的操作，与系统库内的标准动作进行比对，分析判断学生操作是否规范。

（3）声纹识别

声纹识别是指根据待识别语音的声纹特征识别讲话人的技术。声纹识别技术通常可以分为前端处理和建模分析两个阶段，声纹识别的过程是将某段来自某个人的语音经过特征提取后与多复合声纹模型库中的声纹模型进行匹配。常用的识别方法可以分为模板匹配法、概率模型法。通过声音识别，推断教学过程中学生的自尊、害羞、兴奋等情感，从而发现学生可能遇到的问题。

第三节　人工智能促进计算机教与学方式的转变

智能化教学资源和智能化教学环境的建设是教学变革的基础。在教师教学方面，人工智能可以辅助教师开展备课、授课、答疑等环节，有效促进教学进一步向智能化、精准化和个性化方向发展；在学生学习方面，人工智能可对学生预习、交互、练习、深度学习等过程提供支持，帮助学生不断认识自己、发现自己和提升自己，改进学习体验。具体过程见表7-5。

表 7-5　教学过程

对象	名称	功能
教师	智能化备课	钻研教材、学情分析、规划教学过程
	精准教学	提供个性化教学内容，实时监控教学过程，跟踪学生学习情况，提供教学建议
教师	智能答疑与辅导	接收问题，自动答疑
学生	自适应预习新知	根据个体的行为特征、学习习惯以及学习进度及时推送具有针对性的学习资源，并随时提供远程辅导
	智能化交互学习	推荐学习同伴，参与讨论，组建学习小组
	智能化陪伴练习	侦测学习盲点，兴趣驱动，实时交互、启发引导，自动测评
	智能引导深度学习	理解学习是如何发生的，为学生的深度学习创造条件

一、智能化教学

人工智能应用于教学，可以辅助教师备课，实施精准教学，开展个性化答疑与辅导，而且可以大大减轻教师的负担，提高教学效率。

（一）教学发展的过程

随着信息技术的发展，教学形式也在不断变化。根据技术工具在教学中的应用，可以将教学发展过程分为传统教学、电化教学、数字化教学和智能化教学四个阶段。

随着幻灯、录音、录像、广播、电视、电影等技术在教学活动中的应用，传统教学开始向电化教学转变。从早期的留声机播放语言发音，到无线广播应用于远程教学、扩大教学规模，再到盘式录音机可以进行标准发音，以及后来电视教学、录像机成为视听学习源泉等，这些都对教学的发展具有积极的推动作用，扩大了教学范围，提高了教学效率。

在互联网、计算机、移动终端发展的推动下，教学模式逐步走向数字化，教学理念也由"教师主体"转变为"教师为主导，学生为主体"，师生地位被重新定位。网络技术、多媒体的广泛应用使教学形式更加丰富，出现了网络教学、混合式教学、翻转课堂等新型教学模式；音频、视频、动画等媒介形态和虚拟现实、增强现实技术使教学内容和形式更加多样化和立体化。

从传统教学到数字化教学，教学理念、教学内容、教学工具等都发生了很大改变，然而信息技术与教学还未深度融合，教学质量还未得到显著提升。面对数字化教学发展存在的难题，如何创新应用人工智能、大数据、云计算等技术提升教学的智能化水平，促进技术与教学的深度融合，成为智能教育发展亟待解决的问题。

（二）智能化教学的内涵

在传统教学环境下，由于缺少技术支撑，教师往往根据经验来开展教学，难以实现真正的个性化教学。近年来，伴随着大数据、人工智能等技术的发展，人工智能融入教学，使传统教师、学生为主的二元教学主体向机器、教师、学生为主的三元教学主体转变，有助于提升教师的教学智慧，促进创新创造型人才的培养。

l.智能化环境是智能化教学的基础

智能化教学环境的建设为开展智能化教学创造了条件。传统教学、数字化教学再到智能化教学的改变是伴随着教学环境不断发展的，而每次变化都会对教学理念、教学模式等产生影响。在教学方式上，智能化教学环境提供的各种智能化教学工具和优质教学资源，为精准教学、个性化教学的开展提供了有力支持；人工智能与虚拟现实、增强现实的结合使教学更加立体、形象；大数据技术强化了对教学数据的分析能力，使教学更具针对性。

2.机器、教师、学生是智能化教学的主体

教学主体的发展经历了教师唯一主体、学生唯一主体、双主体论、主导主体说、三体论、主客转化说、复合主客体论、过程主客体说等发展过程，具体内容见表7-6。

表7-6　教学主体论

类型	内容
教师唯一主体	教师是主体，学生、教学内容等都是客体
学生唯一主体	学生是教学过程中的主体
双主体论	教师和学生都是教学过程中的主体
主导主体说	教师是主导，学生是主体
三体论	强调教学过程不能只考虑教师和学生，还应对其他因素给予关注。三体论关注教师、学生、环境三者相互发生作用
主客转化说	教学中存在主客体关系，这种关系不是一成不变的，是可以相互转换的
复合主客体论	教学中的主客体是交织在一起的，具有复合性
过程主客体说	将教学过程的主体确定为教师，客体是学生；把学习过程的主体确定为学生，客体为教师或教学内容

可以发现，无论是何种学说，教学过程的核心要素都是教师和学生，在教学中出现的音频、视频、动画等媒介形态，录音机、电视等教学工具，虚拟现实、增强现实等技术手段，也仅仅是充当辅助教学的角色，并没有改变教学核心要素的地位。当人工智能进入教学，机器可以在整个教学过程中辅助教师备课、演示、教学、答疑、测评，全方位陪伴学生学习，教学核心要素因此发生改变，教师、学生和机器成为教学的核心，机器将在教与学这一过程中扮演重要角色。

从教师—机器视角来说，一方面教师可以向机器发令，利用机器帮助教师搜索优质教学资源，将智能机器生成的个性化教学内容推送至学生学习空间，通过学情分析报告了解班级整体学习情况；另一方面，机器可以向教师提醒教学过程中学生存在的问题，

提供决策支持服务，帮助教师批改作业、进行答疑，减轻了教师的负担，使教师可以把更多的时间和精力用于提升教学质量和教学创新上，最终实现机器与教学场景的紧密融合，为学生提供更具个性化的教学体验。

从学生—机器视角来说，学生在学习过程中可以随时向机器提问，搜索学习资源等。而机器在学生学习过程中可以起到引导、陪伴、激励、调节学习情绪的作用，让学生感受到学习伙伴的支持，减少畏难情绪，激发学习兴趣。智能机器通过分析学生的基础信息数据、行为数据和学习数据，智能生成个性化学习路径，提供个性化学习支持服务，推送个性化学习资源以及进行智能测评与及时反馈，帮助学生更好地进行自主学习。

从教师—学生视角来说，人工智能进入教学，教师能够及时感知学生的学习需求，提供个性化学习支持，学生与教师间的交互更加及时、流畅，教学不再是"满堂灌"，而是学生主动探索、主动学习的过程。

3. 智能化教学有助于提升教师的教学智慧

智能化教学使教师的课堂管理更加高效，教师可以实时掌握学生的学习状态，提供针对性的指导。通过智能化机器辅助教师备课，帮助教师批改作业，大大减轻教师教学负担，使其将更多的时间用于思考教学设计，与其他教师分享教学方法、心得体会，更好地进行教学反思，促进教学效果的提升。

（三）智能化教学模式设计

以教师、学生、机器为核心的教学主体的改变，使得教师与机器、学生与机器、教师与学生的交互更加高效、开放和多元，技术的发展、环境的改善、自适应学习资源使得教学过程更加流畅、教学交互更加深入及时、教学效果更加明显。从课前、课中到课后，智能化教学相比传统教学在各个环节上都更加高效，围绕人工智能发展带来的变化构建了智能化教学模式。

课前，教师将学习目标、个性化的预习内容推送至学生个人学习空间，学生进行自主预习。教师可远程监控学生的学习轨迹，根据学生的学习行为、学习进度及时推送个性化的学习资源，满足学生的学习需求，并随时提供远程辅导。所有学生完成课前预习时，智能化教学平台自动生成预习报告，教师可查看班级整体以及学生个体的学习情况，了解学生知识薄弱环节，进而调整教学内容，设计更具针对性的课堂活动。

课中，教师首先对学生课前的预习情况进行快速点评，总结学生在预习过程中存在的共性问题。通过智能化教学平台，学生可以与教师实时互动，教师可以"一对多"地解决不同学生的问题，充分调动学生课堂学习的积极性，使每一位学生都参与其中；实时监控每一位学生的学习过程，了解其学习进展与困难，进行个性化指导。

　　课后是学生对课堂所学内容进一步深化的过程，智能化教学平台对学生课堂学习的数据进行分析，智能判断每个学生可能存在的知识难点，提供个性化学习辅导。对于教师而言，智能化教学平台可根据教师的教学过程和学生的课堂表现，给予教师关于教学方法的针对性建议，帮助教师及时反思、查漏补缺，实现分层教学。

　　I. 智能化备课

　　备课是真实教学实践的预演，其既是确保教学质量的条件，也是教师专业发展的途径，是教师教学工作的关键环节之一。备课过程中教师要尽可能照顾所有学生的学习进度。而在真正的教学中，教学进度难以掌控，可能会出现有些学生"吃不饱"，有些学生"无法消化"等情况。由人工智能辅助教师备课，可以有效解决上述问题。具体的备课过程包括钻研教材、学情分析、规划教学过程。

　　（1）钻研教材
　　备课不能只做表面文章，应付学校检查，更不能一味地奉行拿来主义，拿起参考书就抄，拿起网络搜索的课件就用，有现成的教案就搬。教师要告诉学生本节内容在整个学习阶段的地位和作用、学习它是为解决什么问题、本节的思想方法是什么、学习后可以提升哪些能力。因此，备课的前提是教师要认真钻研教材，熟练掌握教材的内容，明确教学目的、教学重点和难点以及教学方法的基本要求等，要做到统领全局，抓住教学主线。
　　教师在认真钻研教材的基础上，利用智能备课系统进行备课。首先，备课系统可以根据教师的授课教材信息和即将要备课的章节，向教师推荐优秀教案，教师通过学习教案，吸收先进的教学方法和教学思路。其次，备课系统可智能推送与该教材章节相关联的各类资源，教师自主选择适合教学内容的教学资源，或者教师通过智能备课系统自动搜索教学资源来充实教学内容。另外，理论上通过人工智能深度学习用户的数据进行不断改进和完善搜索引擎，能够为教师提供丰富的资源。

　　（2）学情分析
　　教学是教师教和学生学的双向互动过程，因此对学生的分析是教师备课过程中不容忽视的环节。教师对学生进行分析，不仅要了解整个班级的学习氛围，还要了解每个学生对学科知识和技能的掌握程度、学习习惯和学习态度、思维特点等。学情分析是教师进一步设计教学活动、选择教学资源的依据。然而，教师以往对学生的分析一般是依据个人教学经验和对学生的主观认识进行的，无法了解班级所有学生的学习情况，也就无法实现真正的因材施教、个性化教学。
　　近年来，随着人工智能、大数据与学习分析技术的发展，教师可以轻松了解每个学生的学习特点。通过智能环境记录学生学习过程数据，基于大数据技术可以智能分析和挖掘学生的知识掌握、学习兴趣、学习风格等信息。通过备课系统对教学平台上学生的作业练习、预习准备情况等数据进行挖掘分析，可视化呈现"诊断报告单"。报告上显示每一个学生对当前知识点的掌握情况，并给出分析，如何改进、对症下药，从而查漏补缺，制订科学、合理的个性化教学方案。这有利于满足学生的学习需要，提高教学效果。

（3）规划教学过程

教师在理解教材、了解学生的基础上，要依据学生的学习风格、学习需求等参数，选择教学资源、教学策略，规划教学过程，要做到重点突出、难易适度、论据充足，以保证学生有效地学习。教师在对上述内容了然于胸时，通过搜索与整合智能备课系统中的资源，形成电子教案。同时，智能备课系统依据教案内容为教师制作课件以及提供课堂测试习题。教师仅须根据所教班级的学生特点与个人的教学习惯，对教案、练习题以及课件稍做调整即可用于教学。

2.精准教学

精准教学是基于斯金纳（Burrhus Frederic Skinner）的行为学习理论提出的方法，用于评估任意给定的教学方法有效性的框架。从理论上看，精准教学可以追溯到孔子的因材施教和苏格拉底的启发式教学，他们都把"精准"作为教学的目标和理想。

在传统教学环境下，由于缺少技术支撑，教师往往根据经验开展教学，难以实现真正的精准教学。近年来，大数据、人工智能等技术的发展，使得精准教学成为可能。本书所探讨的精准教学，是借助大数据、人工智能等技术手段提供个性化教学内容、实时监控教学过程、智能指导教学，即利用技术辅助教师更好地进行因材施教。

（1）提供个性化教学内容

当前学校教育中，教师根据课本以及学校安排的课程时间进行教学。每年的教学内容几乎一致，教师无法及时补充并拓展教学内容。而且，传统教学过程对所有学生采用统一的教材，不能够为学生提供个性化的教学内容和研究方向。而要实现对学生的个性化教学，就要为学生提供不同的教学内容。但对一个知识点实行个性化教学，就需要提供成百上千的教学内容，而所有这些知识内容都靠人工开发是不现实的。

利用人工智能可动态组合出符合学生特定风格、特定能力结构、特定学习终端、特定学习场景、特定学习策略的个性化学习内容。在人工智能取得突破性进展以前，上述内容的提取和建模不太理想，因而为学生提供个性化教学内容和制订个性化教学方案一直难以真正实现。随着人工智能、大数据、云计算等技术的不断成熟，基于上述智能技术进行学生行为精准数据挖掘，为个性化教学内容建设提供了关键技术支持。

未来，每位学生学习的课程、科目、内容将不尽相同，实现个性化培养，打破同样年龄的学生在同一时间、同一地点学习同样内容的教学形式。

（2）实时监控教学，记录教学数据

传统教学中教师无法记录教学过程中的数据，而数据是基础信息，只有采集了教学过程中常态化的海量数据，教师才能说"了解"每一个学生，才能看到学生发展进步的动态过程。智能化教学平台、智能穿戴设备等技术手段已经可以将教学过程中的数据记录下来，为指导教学提供支持。

课堂教学中，通过情感计算对整个教学过程进行实时监测，推断学生的学习状态和注意力状态，实时调控教学过程，并将这些监测数据实时上传至人工智能化教学平台，作为教师评估学生课堂学习表现和改进教学策略的依据。学习状态和注意力状态监测主要包括声音监测、面部表情监测、脑电图监测等。

（3）精准指导教学

在借助相关智能化教学平台组织教学的过程中，实时便捷地采集学生学习过程中的数据，智能分析学生的学习态度、学习风格、知识点掌握情况等信息，使教师能够精准掌握学生个体的学习需求，智能辅助教师开展动态的教学决策，依据教学数据，开展针对性教学，从而帮助每一个学生实现个性化学习，用技术提升教学效率。另外，通过统计班级整体的学习氛围状况、薄弱知识点分布、成绩分布等学情信息，教师能够精准掌握班级整体的学习需求，最终为合理规划教学资源、恰当选取教学方式提供专业指导意见，实现教学过程的精准化。

3. 智能化答疑与辅导

个性化答疑与辅导一直是教育追求的目标，然而课堂教学时间有限，教师无法为所有学生答疑和辅导，但人工智能的发展，给解决上述问题带来了新的方案。

（1）智能辅导系统

智能辅导系统是指一个能够模仿人类教师或者助教来帮助学生进行某个学科、领域或者知识点学习的智能系统。一个成功的智能化教学系统应当具备教育者的基本功能，即拥有某个学科领域的知识，用合适的方式向学生展示学习内容，了解学生的学习进度和风格，对学生的学习情况给予及时而恰当的反馈，帮助学生解决问题。通常情况下，一个智能化教学系统通常包括学生模型、领域模型和教学模块。学生模型主要描述学生的知识水平、认知和情感状态、学习风格等个性信息；领域模型是采用各种知识表示方法来存储学科领域知识；教学模块（或辅导模块）是具体实施教学过程的模块，包括生成教学过程和形成教学策略的规则。

未来，通过建立相应的知识图谱与知识库，结构化处理后内置到机器人中，人工智能就可以实现接收问题，建立问题库，自动答疑，并将典型问题转送给教师为学生答疑解惑。

（2）利用智能图像识别技术进行扫描识图、在线答疑

教学中有时会存在一些抽象难理解的知识点，比如物理的磁场分布、化学的有机分子空间构型等。对这些抽象的知识点学生学起来很困难，同样教师教起来也会感觉无从下手。为了将这些抽象的知识变得具象化，一些教育机构将人工智能与增强现实结合，

推出了将人工智能应用于教育行业场景的产品——"AR知识点解析",即通过图像识别、增强现实、3D模型等技术原理,将抽象的知识真实、立体地呈现在学生面前。以前不擅长空间想象的学生,对于这些抽象的内容可能无法理解,但是跟随AR动态的讲解,学习变得轻松高效。

学生在学习过程中只要对着书上的一张二维的图像进行扫描,手机就会在较短的时间内匹配出正确的知识解析,帮助学生梳理相关知识点,为学生呈现清晰的知识脉络;当学生在解题过程中遇到困难时,只要手机点击相机切换至AR模式,手机摄像头就会对题目知识点配图扫描提取特征点,并与已记录的知识点配图特征点进行配对,从而加载预先设计好的3D模型知识点信息,将原本枯燥、抽象的知识点变得更加直观形象,大大提高复习效率。

立体化呈现,将内容严谨、有趣的科学知识以逼真的画面呈现,会让学生感觉犹如置身其中,轻松领略自然、科学、历史、人文、地理的千姿百态,而且可以增强学生的体验感,同时对提升学生认知能力有很大帮助。

二、智能化学习

学习方式变革应关注学生的"学",着重思考怎么引导学生学习,通过创设不同类型的学习任务,营造支持性学习环境,帮助学生自适应预习新知、智能交互学习新知、智能化陪伴练习、智能引导深度学习,从而提高学习效果。

(一)学习的发展过程

基于学校教育的学习发展过程主要经历了传统学习、数字化学习和智能化学习三个阶段。这三个阶段的学习方式是递进的,新学习方式的出现以原有学习方式为基础,每一种学习方式在不同阶段都会被赋予新的内涵。

传统学习主要依赖教材,是学生进行记忆、背诵、纸本演算的学习过程,学习只是为了知识的提升,仅仅考查学生的知识掌握程度,忽视了综合素质、能力的培养,导致学生只重视考试成绩,往往临阵磨枪,制约了学生创新能动性的发展。

数字化学习对人类学习发展具有重要意义,引领人类的学习进入网络化、数字化和全球化的时代。数字化学习是指学生在数字化学习环境中,借助数字化学习资源,以数字化方式进行学习的过程。它包含三个基本要素,即数字化学习环境、数字化学习资源和数字化学习方式。数字化学习环境主要通过多媒体设备、交互式电子白板、计算机和互联网构建。数字化学习资源具有多样化、丰富性等特点,可以实现大范围的开放共享,满足学生多元化的学习需求。数字化学习资源和学习环境的支持,为多样化的学习方式提供了条件,有助于促进学生综合素质的全面发展。

（二）智能化学习的内涵

智能化学习是学生在智能化学习环境中按需获取学习资源，自主开展学习活动，享受个性化学习支持服务，获得及时反馈评价，能够正确认识自我的不足与优势，促进综合素质和创新能力的提升。

I. 正确认识自我的不足与优势

正确认识自我的不足与优势是学生能够运用合适的方法提升自我的基础。在传统教学过程中，学生的学习比较被动，一致的学习内容、学习工具、学习活动，缺少个性特征。标准化的学习使得学生容易随大流，难以真正认识到自己的不足与优势。智能化学习过程中，学生可以获得自适应学习资源，通过智能化测评工具获得及时反馈，发现自己的认知特征、学习偏好、优缺点等。智能化学习能让学生清楚自己的学习目标，定位自己的发展方向，认识自身存在的价值，挖掘自身潜能，实现个性化成长。

2.促进综合素质和创新能力的提升

智能化学习的最终目标在于提升学生的实践能力、创新能力和终身学习能力。智能化学习强调情境感知，使学生在情境中获取知识、在实践中运用知识，启发学生的创新意识，不断激发学生的求知欲，让学生在探索知识的过程中提升自身综合素质和创新能力。

（三）智能化学习的一般流程

智能化学习是在智能化学习环境中开展的以学生为中心的学习活动，不仅能够使学生及时获取所需资源、评价反馈，还能使其享受个性化学习支持服务，使学习变得更加轻松、高效和有趣。

I.自适应预习新知

自适应学习是一种复杂的、数据驱动的，很多时候以非线性方法对学习提供支持，可以根据学生的交互及其表现动态调整，并随之预测学生在某个特定时间点需要哪些学习内容和资源以取得学习进步的方式。自适应学习不仅有利于真正实现个性化学习，而且有利于个性化人才的培养。

目前，人工智能已经广泛融入自适应学习技术支持的产品或服务中，智能化教学平台就是典型的应用。人工智能支持的自适应学习不仅可以提升学生的学习兴趣，使学生积极参与其中，而且能够提升学生的自主学习能力，帮助学生找到适合自己的学习方法。

知识不再是课堂上由教师传授，而是由学生在课前自主预习、自主获取。智能化环境为学生开展课前自主预习提供了有效支持。课前教师通过智能化教学平台，根据个体的行为特征、学习习惯以及学习进度，推送具有针对性的学习资源至学生个人学习空间，方便学生进行预习。这种预习是具有可控性的，对于学生有没有完成预习、预习的情况和答题情况，都会在教师端以数据的形式直观呈现。教师可以对学生的学习轨迹进行远程监控，及时了解学生的预习情况，并对预习数据进行分析，初步了解学生在预习过程中遇到的问题以及容易出错的知识点，做好教学记录，并随时提供远程辅导。

自适应学习要能够在具体场景中巧妙呈现学习资源，激发学生的学习兴趣，让学生在潜移默化中增长知识。将知识融入具体生活场景中，更有助于学生的消化吸收。因此，要尽可能创设情境实现自适应学习，具体可以从以下三方面来实现。

一是"知人善供"。自适应学习的前提是人工智能系统要了解学生的特点和需求，在此基础上运用人工智能。系统可随环境的变化因人而异地提供适配的学习资源，每位学生都可以听到与自己专业相关且感兴趣的话题。

二是"识物即供"。在学生用手机扫描自然环境中的物体时，人工智能系统可以对其识别，并在此基础上为学生自动显示、朗读、播送识别物体的相关内容。学生可以自主控制朗读的节奏、是否显示中文翻译、是否进行反复听读，同时系统可以向学生推送相关内容。

三是"远程随供"。可利用人工智能推送国外或较远距离场景化的内容，从而让学生借助不断变化的条件进行更好的情境化的学习，进而更好地培养学生的国际化视野，让学习置于真实的环境之中，从而达到更好的学习体验，提升学生的学习效率。

此外，还可设置人工智能虚拟教师，使学生可连接任意场景，听虚拟教师讲解自己感兴趣的地理、文化等，让学习回归具体场景当中，如各种日常生活、旅游出行、校园生活、职场办公、休闲娱乐等。学生也可通过角色扮演，参与到具体的学习场景中，将枯燥的学习内容变为形象、立体的内容，进而学得轻松、愉快、高效。

2.智能化交互学习

心理学家皮亚杰（Jean Piaget）认为，学生在学习过程中与外部环境进行互动交流，有助于逐步构建起自身的认知结构，从而有效提高学习效率。但是传统课堂教学过程中缺乏有效的互动，学生大多处于被动学习的地位。

近年来，人工智能领域的研究者也开始探索各类新的技术层面的交互方式，如自然语言处理、模式识别等，这些技术可用于提升教育人工智能应用的性能。而人机交互是人工智能领域的重要研究部分，人机交互可以重构学习体验，提供更具互动性的教学，甚至可以从视觉、听觉、触觉来影响人们的认知。人工智能可以从以下两方面为学习交互提供支持。

（1）人机交互重构互动性的学习

前文提到的智能化教学工具——智能化教学平台可帮助重构互动性学习。第一，通过智能化教学平台和学生使用的手机移动终端，上课前，学生通过扫描投影幕布上的二维码即可完成签到，教师再也不用浪费时间点名，从而节省了课堂时间。

第二，传统课堂上，个别教师一般只关注成绩较好或较差的学生，这些学生被点名回答问题的次数也就比较多，而其他学生与教师交互较少，也存在侥幸心理，不会认真思考教师提出的问题，而智能化教学平台可以有效解决这一问题。通过随机提问功能，让学生的名字滚动在屏幕上，让每一位学生都可以集中注意力，认真思考，有效提升课堂交互效果，平均关爱到每一位学生。还可以通过抢答功能，解决学生故意低头不愿意举手回答问题的冷场情况，改变传统学习习惯，活跃课堂气氛。而且教师可以将学生的回答记录到教学平台上，给出学生评价。

第三，随堂测试功能可以方便教师实时掌握学生的课堂学习情况，调整教学步调。课堂上可以进行实时答题，教师可以自由选择是否开启弹幕，学生通过手机或者平板电脑发表疑问、提出看法。这些内容会实时显示在屏幕上，以弹幕形式的教学模式极大地吸引学生学习兴趣。

第四，学生可以将课下预习过程中存在的问题发布在教学平台上，一方面通过人工智能系统的语义识别，机器可以及时回复学生提出的基础性知识问题，极大地节省师资；另一方面，教师可对学生学习本课有一个大概的了解，明确教学中的重点和难点。

（2）小组交互构建学习共同体

智能化教学平台还有一个分组功能，教师可以利用人工智能对每个学生的知识点和技能操作水平的了解进行合理分组，从而完成特定任务。智能化教学鼓励学生进行合作学习。人工智能社会，很多工作不是凭个人能力就可以完成的，它需要团队合力完成，在团队中，每个人都发挥自身优势，精诚合作。通过小组成员互相督促和引导，在课前一起预习教师推送的学习资料，共同发现问题、解决问题，有效培养学生的探索能力；课堂上可以对教师所提问题共同探讨、自由发表意见，教师也可以通过这一过程了解学生学习心态与思路；课下，可以共同完成分组作业，培养学生的交际能力与合作能力。

3. 智能化陪伴练习

陪伴是最好的教育，但是很多家长对陪伴有一些误解，以为陪孩子做作业、随时跟在孩子身边就够了，这些最多可以看作保姆式照顾，不是陪伴。陪伴是能够理解孩子、懂得孩子的心理变化，能够相互信任，适时鼓励、表扬，这样的陪伴对培养孩子的独立自信、与人合作能力等都具有积极作用。

人工智能和机器人的快速发展，使得过去遥不可及的高科技产品渐渐融入日常生活，除了家庭扫地机器人、智能音箱等，越来越多的智能陪伴机器人出现在人们的视野中。

（1）人工智能陪伴学习的作用

①智能侦测学习盲点

"题海战术"是学生最常选择的查漏补缺方式，学习者往往需要做大量的练习，教师才可以发现学生知识欠缺的地方。然而盲目学习的结果往往是浪费时间、事倍功半。

相比传统教学对学生采用的"题海战术"，利用人工智能帮助拆分知识点、"打标签"（包括学习内容、学习风格、倾向性、难易度、区分度等），就可以为学生实现精细化匹配，智能侦测到学生学习的盲点与重复率，从而能够指导或帮助他们减少重复学习的时间，提高学习效率。对教师来说，拥有了学生全套的学习轨迹数据，在提供教学服务时，效率会提高很多。

②兴趣驱动，引导学习

自主学习过程比较枯燥，自控能力弱的学生很容易中途放弃。人工智能学伴要根据学生的学习兴趣和知识掌握水平，为其提供文本、视频、音频等个性化学习资源，并根据学生学习进展自动调节难度和深度。人工智能学伴在学生完成学习任务时为其点赞，未完成时给予监督鼓励，让学生感受到人文关怀，从而积极、主动地去完成阅读任务，不需要在教师和家长的压力和要求下被动地学习。自主学习过程，树立了学生的主体地位，学生自己定学习目标和学习进程，独立展开学习活动，学习效果也就越好。

③实时交互，启发引导

学生在学习过程中可能会产生各种各样的问题，此时，充当百科全书的机器人可以陪在学生身边，随时为学生解答问题，并且通过互动启发引导学生，让学生先自己动脑思考，给学生提供思考和想象的空间。这样的陪伴有助于培养学生主动思考的能力和创新能力。

④自动化测评

在学生完成教师布置的作业后，人工智能学伴能够对学生的作业进行自动批改，一方面帮助学生纠正错题，补足知识薄弱环节；另一方面，发现学生的闪光点，充分挖掘学生的优势，激发其学习兴趣。

（2）人工智能学伴要培养学生的各种能力

知识信息快速更迭的时代，如果学生仅仅是"等靠要"的被动学习，那么其终将会被社会所淘汰。在我们现在所处的信息社会，已经有很多人读研究生，甚至三四十岁再读博士也屡见不鲜。在将要到来的人工智能时代，教育阶段与工作阶段的区分将会消失，自主学习将取代传统的被动式学习。

人工智能学习伙伴要指导学生进行自主学习，帮助学生掌握自主学习方法，因为学习方法远比学习内容更重要。学生在学习过程中应以自主学习为主，教师指导为辅。传统教学中教师就是权威，学生总认为教师很厉害，等待教师将所有知识教给自己。这种想法是错误的，教师也不是万能的，只是对自己的研究领域很熟悉。学生要敢于创新，拥有能超过教师的信念，主动去研究、探索。人工智能学伴可从以下三方面指导学习者。

①培养学生独特的学习方向和目标

人工智能时代，仅靠背诵和反复练习就可以掌握的知识是没有价值的。学习方向要强调那些重复性的工作所不能替代的领域，包括创新性、情感交流、艺术、审美能力等。正是这些有时对家长和教师来说似乎不可靠的东西，其实是人类智力中非常独特的能力。人工智能学伴要从生活角度出发，培养学生的分析问题能力、决策能力和创新能力，这些在未来社会是最不容易"过时"的知识。

②培养学生人机协作思维方式

未来是人机协作的时代，一些工作可能会由机器所替代，一些工作可能由人机协作才会取得最佳效果。而且未来人也可以向机器学习，从人工智能的计算结果中吸取有助于改进人类思维方式的模型、思路甚至基本逻辑。事实上，围棋职业高手们已经在虚心向 AlphaGo 学习更高明的定式和招法了。因为 AlphaGo 走的步子人类从来没有见过。向机器学习，在学习的基础上消化吸收，进而创造性地提出新的想法。学生从小与人工智能学伴一起学习、成长，可以在潜移默化中学到机器的思维方式，掌握人机协作的一些技巧。

③培养学生的合作能力

很多人常常认为一个聪明人想出一个好创意就叫创新，其实创新为导向的自主学习不是闭门造车，那些单打独斗的人往往不容易获得成功。当下的创新更多的是具有不同专长的人团队合作的结果。要从小培养学生的合作能力，在与学习伙伴合作学习的过程中，学生的沟通能力、分析问题能力等都将得到提升。

4. 智能引导深度学习

建设终身学习型社会已是国际教育的重要发展方向，培养学生的深度学习能力已经成为重要的时代命题。当前，深度学习在教学领域已经表现出常态之势。而在人工智能领域，机器深度学习被认为是人工智能取得突破性进展的功臣，成为近几年的热门话题。因此，本书尝试对技术行业与教育行业的深度学习进行解读，分析人工智能时代下，人类深度学习的发展策略。

（1）技术领域的深度学习

能体现人类智能的一个重要指标就是"学习"，而机器学习作为通过机器模拟、实现人类学习行为的技术，是实现人工智能的重要途径。机器学习可分为符号学习、人工神经网络、知识发现和数据挖掘等，目前应用较多的是人工神经网络。深度学习是机器学习新的研究领域，其因人工神经网络的隐层数量多而得名，它是机器学习得以实现的有效技术支持。

深度学习主要是模拟人脑的分层抽象机制，通过人工神经网络模拟人类大脑的学习过程，从而实现对真实世界大量数据的抽象表征。简单来说，通过深度学习，机器能够自己从大数据中寻找特征、抽象类别或特征、总结模型。与深度学习相对应的是机器的浅层学习。浅层学习是指在仅含 1—2 隐层的人工神经网络中的机器学习。

毫无疑问的是，当前人类的神经网络要比机器的神经网络复杂许多，隐层数量（深度）也大得多。因此，人类具有进行较为深度学习的条件，这也是实现培养智慧人的基础。机器进行深度学习的最终目标是达到人工智能，进而帮助人类解决现实生活中的难题。由此可知，从教与学的角度衡量，教育人工智能提醒人类进行这样的反思：既然人可以教会机器进行深度学习，那么在教学中为什么不能教会学生进行深度学习？

（2）教育领域中的深度学习

"如何促进深度学习"成为当今教育学者研究的核心内容。人工智能的发展，使得教育人工智能可以更深入地理解学习是如何发生的，是如何受到外界各种因素影响的，进而为学生深度学习创造条件。

（3）人工智能时代深度学习的发展策略

传统的智能导师系统大多是针对某个具体研究领域的学习需求制定的，而这些学习系统常作为学校教育的补充，未能对学生的学习产生较大影响。伴随着人工智能的发展，人们对人工智能技术变革教育领域抱有较大期望。希望人工智能技术不仅能促进学生学习具体的、结构化的知识和技能，更要帮助学生获得解决复杂问题、批判性思维、深度学习等高阶能力。人工智能技术的发展，已为学生从"浅层学习"转入"深度学习"提供了支持。总体来说，教育人工智能可从以下两方面来促进学生的深度学习。

①深度思考是深度学习的基础

"问题通向理解之门"，深度学习是学生内在学习动机指引的积极学习。深度学习过程中，问题的建构至关重要。因为解决问题的过程就伴随着"提出问题""发现问题"，而中国传统教育常常忽视这一过程。深度学习的基础是能够以恰当的方式提出有价值的问题。

问题要从生活中来，到生活中去，比如环保问题、粮食问题、教育公平问题。教育不仅要教会学生如何回答问题，更要教会学生如何提出问题，尤其要培养学生面向未来提问的习惯和能力。

②科学分析定制学习内容

深度学习能否有效推进，学习内容是学与教的活动过程中的关键因素之一。未来，有望借助人工智能帮助教师分析，在合适的时间、合适的地点呈现合适的学习内容。教学机器可根据学生的性别、兴趣爱好及知识能力水平等，推送学生认知水平范围的学习资料。首先由教学者人工设置深度学习预警标准；其次由机器根据学生的学习行为通过数据追踪判断学习者对当前学习内容是否感兴趣，与教学者设定的深度学习标准进行比较，进而判断是否转入进一步的深度学习和扩展性学习。通过人与机器的合作，为学生有效开展深度学习提供合适的学习内容，促进学生进行更加深入的思考。

第八章　人工智能技术在计算机教学中的评价、管理与运用

第一节　人工智能背景下的教学评价与教学管理

教学变革包括教学评价与教学管理变革，应采取与新型教学方式相匹配的教学评价方式和教学管理手段，监控教学过程和质量。技术的发展和教学环境的优化创新，使得教与学的过程数据越来越丰富，教育工作者要利用大数据、学习分析等技术对教学数据进行充分挖掘、深入分析，实现教学评价与教学管理的自动化、智能化和科学化。

一、智能测评

现代教育制度是工业革命时代形成的，工业社会盛行大规模标准化生产，与其配套的教育模式也是大规模标准化培养。工业时代的教育模式是"标准化教学+标准化考试"，标准化考核、确定性知识成为教学和考试的重点，也是评价学生的唯一依据，而需要深层次思考讨论的非标准化的内容被取消了。

随着信息技术的快速发展，评价手段也越来越趋于自动化和智能化，如客观题可直接由计算机自动批改并进行数据分析，主观题（口语题、数学题、作文题）可由人工智能系统进行评价和批阅。利用技术辅助教学评价，不仅节省了人工评价成本，而且大大提高了评价反馈的及时性和准确性，进而提高教师教的效率与学生学的效率。

（一）智能测评的内涵

在图像识别技术、自然语言处理、智能语音交互等人工智能技术的推动下，智能化教学测评走向现实。智能测评是通过自动化的方式评估学生的发展的。自动化是指由机器承担一些人类负责的工作，包括体力劳动、脑力劳动等。

通过人工智能，可对数字化处理过的教学过程、教学数据进行测评与分析，在教学领域已经得到初步应用。一是利用语音识别进行语言类智能测评，这类语音测评软件能够根据学生的发音进行打分，并指出发音不正确的地方。二是利用自然语言理解和数据分析技术对学情智能评测，跟踪学生学习过程、进行数据统计，分析学生在知识储备、能力水平和学习需求的个性化特点，帮助学生与教师获得真实有效的改进数据。

（二）智能测评的特征

I.评价结果科学化

传统的学习评价多是在阶段性学习后进行的测评，如期中考试、期末考试等，但仅仅通过考试去评价学生记忆了多少知识是片面的，不能对学生的学习起到促进作用。科学评价应实事求是，尽量减少教师的个人主观因素对评价结果的影响。智能测评通过技术的支持，对每个学生建模，结合知识图谱和智能算法，使每个学生都能及时得到评价反馈，更加关注学生整体、全面的发展，将评价贯穿于教学活动的始终。学生可以根据智能测评结果去反思自我，获得努力方向。

2.评价反馈及时化

（1）语言测评及时反馈

在语言学习过程中，传统语言学习是以跟读为主，但有时教师的发音也可能不标准，学生模仿教师进行发音，也无法具体判定发音是否标准，语言学习的评价存在滞后性。随着语音识别技术的发展，系统能够听懂学生的声音，学生可以反复听读，系统可以实现逐句打分，根据发音、流利度来实现机器对学生发音的纠错与反馈。通过机器反馈，及时对学生进行纠错，这极有助于学生进行自主学习和练习，使其在语言学习时敢于大胆张口，不用完全依靠教师，在学习内容、学习方式、学习时间上更加自主。

（2）学情测评及时反馈

传统教学过程中，教师批改作业费时费力，学生交上来的作业、试卷往往最快也需要到第二天才能得到反馈，而且教师批阅的成绩分析往往只停留在分数层面，难以进行深层次的分析，无法实现对学生学习的个性化指导。而学生往往在刚做完作业或试卷时，对自己未能掌握的知识点印象最深，若此时能够将学生欠缺的知识点呈现给学生，学生必将印象深刻，从而取得较好的学习效果。智能测评通过机器批阅作业，及时给予学生反馈，并可以给出学习指导，从而激发学生的学习积极性。

（三）智能测评的关键技术

1.语义分析技术

语义分析是指机器运用各种方法，理解一段文字所表达的意义，它是自然语言理解的核心任务之一，涉及语言学、计算语言学以及机器学习等多个学科。随着 MCTest 数据集的发布，语义理解备受关注，并取得了快速发展，相关数据集和对应的神经网络模型层不断涌现。

（1）语义分析的过程

一是词法分析。机器通过"语料库和词典"获得用户内容中关于词的信息。一篇文章是由词组成句子，由句子组成段落，再由段落组成篇章，要实现语义理解，首先要找出句子当中的词语，确定词形、词性和语义连接信息，为句法分析和语义分析做准备。

二是句法分析。根据语法规则，解析句子的结构，包括主语、谓语、宾语以及语法规则等。

三是语义分析。语义分析从单个词开始，结合句法信息，理解整个句子的意思，再结合篇章结构确定语言所表达的真正含义。

（2）语义分析教学应用

一是交互信息分析。语义分析在教学中的应用环境主要包括在线学习、网络培训等，如对大规模在线开放课程（MOOC）中学生交互信息、发帖信息等文本类的信息进行分析。

二是作业批改。目前的智能批改产品基于语义分析，已经可以实现对主观题进行自动评分，能够联系上下文去理解全文，然后做出判断，如各种英语时态的主谓一致、单复数等。

2.语音识别技术

语音识别技术的研究问题是如何使计算机理解人类的语音。让计算机能够听懂人们说的每一个词、每一句话，这是人工智能学科从诞生那天起科学家就努力追求的目标。语音识别技术的研究经历了三个主要过程，首先是标准模板匹配算法，然后是基于统计模型的算法，最后到达深度神经网络。当前我国领先世界的人工智能语音识别的准确率已达到 97% 以上，并且响应速度很快。机器能够听懂人类语言，并及时给予反馈。将语音识别技术应用到英语学习，能高效支持学生进行听、说练习。另外，语音识别的应用也层出不穷，如语音助手、语音对话机器人、互动工具等。科大讯飞的语音识别已经应用在全国普通话等级考试、英语口语测评中，而且与人工专家相比，机器测评的各项指标均遥遥领先。

语音识别越来越智能，比如，语音识别可以实时将语音转换为字幕，比如，当发言者说"我叫张红"时，字幕上就出现了"我叫张红"，发言者接着说"红是彩虹的虹"，机器已经可以做到直接将字幕"我叫张红"改为"我叫张虹"。语音识别未来的发展方向是向远距离识别发展，当前的是近距离的语音识别，未来对于远距离讲话，技术也可以精准捕捉到声音，精准识别。

3. 光学字符识别（Optical Character Recognition，简称 OCR）

OCR 是指通过电子设备来检查纸上的文字，通过检测字符形状，然后用识别方法将形状翻译成计算机文字的过程。通过该技术将手写文本转换成数字化文本格式。近几年，图像识别技术发展迅速，不仅可以准确识别机打文本，而且对手写文本的识别也已达到较高的识别准确率。目前科大讯飞公司手写识别技术的准确率已经达到 95% 以上。文字识别为机器自动批改奠定了基础。

（四）智能测评的一般流程

智能测评可以实现针对每一个学生进行一对一的教学评价。智能测评的一般流程如下。

1. 预测学生的学习能力

在教学活动开始前，预判学生的学习能力，对学生的知识和技能、智力和体力以及情感等状况进行"摸底"，判断学生对学习新任务的适应情况，为教学决策提供依据。其类似于传统诊断性评价，但更加强调技术性和科学性。它可以为教学过程提供支撑，帮助教师了解学生掌握知识、技能的基本情况，了解学生的学习动机、学习风格、学习兴趣，发现学生现存的问题及原因，进而设计出适合不同学生特点的教学方案。

但是传统的诊断性评价多数采取特殊编制的测验、学籍档案观察分析、态度和情感调查、观察、访谈等，测试的内容主要是学生必要的预备性知识，对学生科目学习的整体水平难以预测。例如，传统语文阅读教学中，由于阅读分级标准尚未建立，缺乏科学的指导，所以教师大都在"摸着石头过河"。这类似于以前没有医疗设备时医生的看病过程，比如中医的望闻问切，完全是医生凭借积累的行医经验诊断病情。后来随着医疗器械的发展，这些设备可以辅助医生进行诊断，进而对症下药。那么，教师能否像医生一样，通过技术设备，找到学生的问题所在，进而可以"操刀"辅导？答案是肯定的。现在，教学中的"望闻问切"式的老式诊断性评价，也有了技术支撑。

通过对学生学习能力的预判，可以使学生清楚地了解当前自己的学习知识、能力结构与学习需求之间的差距，学生也可以清楚地看到自身问题，进而进行针对性学习。

2.机器编制试题

传统为学生提供练习和考试时，编制试卷麻烦又复杂，一份考试试卷的制定往往需要一个教师花费较长的时间，而且对试卷中需要覆盖的知识点、试卷的难易程度较难把握。人工智能的发展已经实现由机器编制试卷，系统可以根据前期对学生学习能力的测试，分析出即将编制试卷的难度系数、考查的学科能力等，针对学生的知识薄弱点进行针对性出题。

3.机器批改

机器批改的原理是采用智能学习的方式，通过统计、推理、判断来决策。通常由专家批改500—1000份试卷以后，机器就能够归纳出试卷的评阅模式并构建出一个模型。这个模型对其他试卷就可以进行有效的处理和覆盖，然后再根据该模型自动批阅其他试卷。由智能机器批改作业，将减轻教师的批改负担。

4.分析报告

机器批改后，呈现的不只是一个冷冰冰的数字，而是一份温情的"分析报告"。通过这个分析报告，学生可以清楚地了解到自身学科知识点和能力点的掌握情况，清楚地看到问题所在，使学习更加高效。而且，学生也可将这份分析报告交给自己的教师，让教师进行指导。

二、差异性评价

（一）差异性评价的内涵

传统的教学是标准化的教学，仅仅通过考试简单评价学生能背多少知识、记忆多少知识显然是不合理的。因为每个学生都是独立的个体，要个性化地评价每一个学生，不能使用统一的评价指标和方式。科学评价学生，要关注学生的差异性，尊重学生的个性特征，以发展的眼光对学生进行差异化评价。这种差异性的评价体现在评价的侧重点上，也可体现在评价难度等级的差异性上。例如，对先天运动细胞强的学生，从训练强度、训练指标等多个角度去评价其体育发展。而对于先天体弱的学生，只要对其基本运动情况进行评价即可，不需要进行深入评价。根据多元智能理论，关注学生的差异性，发现每个学生所擅长的方面，进而给予积极反馈，帮助他们取得更好的发展；对于在某方面学习有困难的学生，帮助他们找到合适的学习方法。

（二）差异性评价的原则

1. 发展性原则

教学评价不仅要关注学生的当前表现，还要考虑学生的未来发展。因为评价对象总是处于不断发展变化中的，所以评价体系也应是动态的，这样才能适应学习者的更好发展。评价的发展性，是根据学生的知识、能力、态度等评价指标，对学生的过去和现在表现做对比分析，着眼于学生未来发展的目标，给予学生现状的评价，帮助其更好地迈入下一成长阶段。差异性教学评价，通过不断采集学生的数据，进行学生建模，利用人工智能技术，动态调整评价指标，充分了解学生认知变化特点，为学生提供支持。

2. 多元性原则

技术支持的差异性评价的多元性表现在评价取向和评价标准、评价方式方法的多元性方面。首先，在评价取向和标准上，差异性评价不局限于对学生知识、技能掌握的评价，而是将学生的情感与态度、过程与方法、知识与技能、创新创造能力等方面纳入评价体系，实现评价内容的多元化。人工智能的发展将促使每个学生都有自己的评价标准，每个人的评价标准都不同，让学生可以看到自己的进步，获得更多的肯定，激发其学习动力。其次，在评价方式方法上，技术的飞速发展使得评价手段趋于自动化和智能化，改静态化评价为过程性评价，调动每个学生参与评价的积极性，使其在评价中获得充分发展。

评价内容的多元化让每个学生都能发现自己的长处，有利于学生取得更好的进步。例如，如果学生被人夸奖"这孩子体育真厉害"，他可能就会在体育上更加充满干劲，从而获得更多积极的反馈，得到更好的成绩。

3. 激励性原则

每个学生都渴望得到家长、教师的赏识，而教学的艺术就在于激励、挖掘学生的潜能。激励可以营造轻松愉悦的学习气氛，使学生感受到成就感，产生积极向上的学习动力。差异评价要通过评价系统为学生制定合理的发展目标，坚持适度原则，让学生朝着期望的目标努力。系统根据学生的表现情况给予反馈和鼓励性的评语。学生所获得的激励性评价，可以进一步激发学习热情。

（三）差异性评价的数据采集与分析

为了实现根据数据和事实进行评价，许多学校采取了数据采集措施，如考试、问卷等。然而这类学习结果类的信息属于静态信息，采集不到学生学习过程中的信息。当前，随着智慧校园的建设发展，智慧学习环境日益成熟，具有数据采集能力的智能化教学平台、可穿戴设备、数码笔等设备的应用，为解决传统无法采集学习过程数据的问题提供了技术方案。

通过采集学生学习过程中的数据，可以实现全方位地评价学生的目的。差异性评价，应该在以学生为主体的教学环境中去评价学生。例如，信息技术的发展变革了传统课堂，出现了翻转课堂，将学习的主动权从教师转移到学生，以学生为主体，综合评价学生各方面的表现，如创新创造能力、团队协作能力等。

近来，一些学校也开始尝试在学生用一般纸笔书写的情况下采集学习过程数据。准星云学研发的智能笔加上后台人工智能评测系统，可以对学生的答题过程进行数据采集，智能分析学生做每一题速度的快慢，以及知识点欠缺的地方、思维缺陷等。准星云学的智能笔与普通笔的外形和使用方法完全一致，它可以在不改变学生当前的书写习惯下，精准采集学生书写的笔迹数据，利用系统知识库，对学生的做题速度、错误答案及原因，进行智能分析。对于教师，智能评测实现帮助教师自动批改，做到"批得比人细，批得比人准"，教师每天节省批改时间，可用来备课与家校沟通，真正实现减负增效。对于学生，通过智能评测，可以自动及时地获取批改结果，及时反思，自动查漏补缺，逐一攻破薄弱知识点，提升自主学习能力。

除了学习过程的数据采集，学生的生理、情感等状态数据的分析也十分重要，但这类数据却较难采集。随着技术的发展，越来越多的可穿戴设备、RFID、眼动仪等设备应用于教育领域，实现了真实采集学生的日常行为数据，供精确化学习分析和教育评价使用。

例如，利用眼动技术对眼动轨迹的记录，提取诸如注视点、注视时长和次数、上下眼睑间距等数据，从而研究个体的内在认知过程。有学者通过眼动仪采集 2—3 岁婴幼儿对儿童图画书页面区域的注视时长等行为数据和生理数据，以评估婴幼儿在阅读图画书时的阅读偏好、识图能力、理解能力等。

在未来的智能化教学环境中，通过高清摄像头来获取学生上课时的举手、练习、听课、喜怒哀乐等课堂状态和情绪数据，根据面部表情分析出这个学生的注意力是不是集中，以及其对当前的这个知识点的掌握情况如何，从而生成专属于每一个学生的学习报告，然后将数据及时呈现给教师。教师可以依据这些数据反馈，优化课堂节奏，调整教学内容，以达到更好的教学效果。这些摄像头不是为了监控学生的某些小动作，而是为了使教与学之间实现良好的互动。

（四）差异性评价的实施建议

I. 虚拟助教助力实现差异性评价

要实现针对每一个学生的差异性评价，仅仅依靠教师是不现实的，教师的精力是有限的，无法兼顾每一个学生。当前，无论是智能化教学平台，还是学生学习时的软件工具、智能陪伴机器人等，都可以将学生学习过程中的数据记录下来，并生成可视化报表，从课前的学习态度、课中的学习投入度与参与度、课堂的学习效果等方面来全面评价学生，并给出个性化学业指导。

未来，每一个学生都将拥有一位属于自己的个人虚拟助教，实时记录学习、行为数据。在学习过程中，虚拟教师应当了解学习者在学习中的需求，协助学生在学习过程中不断探索自我，发现自己的优势与不足。虚拟助教可以为学生提供及时的反馈，针对学习过程中的问题，调整学习策略。在评价时，虚拟教师应当关注学生的个体差异，激发学习内在潜能，进而提升学生的自信心。

2.改革传统评价标准

利用人工智能技术，设计一个教学评价反馈系统。比起使原本就很优秀的人变得更优秀，我们应该更多地通过后期的支援来辅助那些不太擅长某方面的人，这才更符合真正的教育观。

革新以往的评价标准，从传统考查学生关于记忆的知识性内容，变为重点评价学生的创新创造能力，从而破除"高分低能"的弊端。改革后，以前依赖记忆取得高分的学生，现在有可能分数不高，学生要想获得高分数，就需要自主学习，独立思考问题，认真完成每次的学习任务。

学习评价应当以促进学生的发展为根本目的，及时、全面地了解学生的学习生活情况，充分发挥评价对学生学习活动的激励和导向功能，使学生达到会学、乐学的效果。评价的关注点可以是学生的课堂参与度、积极性和思维发展方面的内容。比如，有些学生喜爱读书，但是课堂上不听讲；有些学生理论能力强，但实践能力弱；有些学生成绩好，但是团队合作时表现弱等。在教学中要发现学生的学习兴趣，个性化评价每一位学生，挖掘学生的长处，帮助学生弥补不足，促进学生的全方位发展。

三、教学管理的创新

随着信息化的发展，我国的教育管理已经取得了有目共睹的成绩，如建立了教育管理公共服务平台、建立了教育管理信息化标准体系，全国正逐渐形成自下而上的教育数据采集和管理机制。近年来，通过数字校园、智慧校园的建设，企业与学校共同开发了各类教育管理系统，简化了办事流程，提升了管理效率。

然而，人们对教育管理的期待也在不断提高，在人工智能时代，教育管理如何通过人工智能技术向科学化、精细化转型，成为重要的议题。

（一）人工智能与教学管理的契合

I. 教学决策科学化

教育管理的核心主要有两大部分，第一是收集信息，第二是做出决策。对于一般人来说，收集信息后在同一时间能够处理的数据是有限的，而机器却能够高速获取和存储这些数据。第二部分，管理者凭借经验和知识积累灵活处理少量问题的能力比较强，随着人工智能技术的发展，由机器解决相关问题变为可能。

首先是在宏观国家层，可通过数据可视化和数据挖掘技术实现管理决策的科学化和信息化。一方面，通过人工神经网络支持的"指数增长预测法"模型，可预测未来每年的学生数量、生均教育经费、教育经费需求的数值，合理科学划拨教育经费，智慧调度教育资源，推动教育事业持续健康发展。另一方面，完善人工智能领域学科布局，设立人工智能专业。这是在人工智能技术迎来突破时期，国家教育层面积极响应培育智能学科人才。未来通过人工智能数据挖掘从教育行业提取数据，结合市场人才供求、教育动态等，可以帮助教育决策者合理设立或取消一些学科，使教育所培养的都是社会需求的人才。

其次是在中观学校层。不同类型的学校可以根据各自学校特色制订相应的教学规划。当前我国教育管理系统已经积累了大量的学生个人信息数据，如每年采集的国家学生体质健康标准数据等，通过数据挖掘关联算法，对学生教育过程中的培养方案、课程设置等数据进行相关性分析，为管理人员科学制订培养方案、设置课程提供理论指导，提高教育决策的精准性。数据采集、统计分析能够为教育决策（学校布局、教育经费分配等）提供数据依据，而科学决策又会助推教育事业的持续、均衡发展。

最后是在微观个体层。目前学校的教学管理一般是以学校整体、年级或班级为单位进行整体分析，对教师或学生个体的分析往往是凭借经验，缺乏数据来证明教师教学决策或教学安排的预期效果，因此可能会存在学生不感兴趣、教学效果不理想的困境。教师管理是教学管理工作的关键环节。教师安排的教学内容是否与教学大纲一致、是否能被学生理解、重点难点是否突出，都关系到学生的学习效果。未来通过人工智能教师与人类教师协同教学，通过人工智能教师了解学生的知识储备、学习风格等个性特征，与人类教师共同制订教学计划、安排学习路径，根据学生的反馈调整教学方案等，为学生提供极致的教学体验。

2. 教学管理智能化

学校顺利开展各项工作的前提是要有高效的教学管理。人工智能的融入将会使教学管理工作更加有序、高效，更好地体现服务，使传统的教学管理从"延迟响应"的人治模式走向"即时响应"的智治模式。

教学管理涉及方方面面，要通过智能化管理实现减员增效。目前，在教学管理过程中，数据的采集、录入、汇总、导出、分析、更新等工作仍需人工去完成，教学管理仍处于人治模式，智能化程度较低。未来，通过智能化教学管理系统，将教学管理要素人事、科研、后勤等有机结合，实现共享与动态更新教学管理信息，从而实现智能化管理，保证对突发事件的即时响应。

首先在资产和能源管理方面，不少高校已经尝试利用大数据技术、物联网技术对学校的资产和能源进行管理，并取得了良好的效果。例如，江南大学自主设计开发的"数字化节能监管系统"可以自动感知能耗，实现节能服务，打造低碳校园。而人工智能在校园资产和能源管理方面将发挥更大效用。通过善用人工智能技术分析改善电能消耗，实现节能减排。Deep Mind团队曾为谷歌开发过一套系统，通过机器学习管理数据中心，将数据中心的电源使用率提升，用电量减少了15%。百度也利用人工智能节能降耗，在百度总部大楼试行人工智能能源管理。将人工智能应用于校园能源管理中，使得能源得以有效利用，打造低碳校园环境。

其次在舆情监控方面，出生于"数字土著"时代的学生每天都在接收形形色色的网络信息，他们不只是信息的接收者，同时更是信息的生产者和传播者。网络信息传播的快速性，使得学生有时难以分辨信息的真假，学校的舆情管理也较难把控。传统依靠学生干部上报和管理者筛查的方式难以继续下去。舆情管理的关键是提前洞悉舆情的未来发展，在舆情初期即时响应，进行控制和引导。人工智能是舆情监测的有效方法，是预测舆情和处理舆情的有力工具。人工智能在舆情管理方面的效用主要体现在以下两方面。一是通过人工智能全天候监测校园舆情，智能分析，针对学生所关注的热点事件，进行舆论引导，实现科学预测舆情、快速处理舆情。二是通过网络爬虫技术对校园网站、贴吧等社交网站的不良信息自动剔除，营造良好的网络环境。

通过人工智能系统自动汇聚学生在校相关数据，自动分析处理，将结果反馈给班主任或教师，提高自动化管理水平，从学生生活点滴入手，避免突发事件的发生。精准及时的自动化管理不仅避免了人为管理的漏洞，也将管理者从重复性劳动中解放出来，让管理者去从事更具创造性的管理工作。

3. 教学管理人性化

目前以学生为本的教学理念根深蒂固，相应的教学管理理念和方法都应创新，不再是传统的管控和治理，而是变为一种管理服务，满足学生主体的内在需求，为其提供便捷、高效的服务，从"重管理，轻服务"的管控思维向"用户需求"转变，使得教学管理更加人性化。

近年来，随着人工智能技术的发展，利用数据挖掘和机器学习等技术可呈现学生的数字画像，即基于动态的学习过程数据，分析、计算出每个学生的学习心理与外在行为表现特征，描绘出学生画像，从而为每个学生的个性化学习以及教学管理提供个性化服务。

学生画像即对学生特征进行标签化处理，包括学生基本情况、考勤信息、借阅图书信息、网络信息、消费信息等，通过记录学生在校的日常行为数据，从而描绘出学生画像。学生画像是学校评价管理学生的重要依据，为学校提供了丰富数据，帮助教师快速了解学生状态。根据不同学生的"数字轨迹"，使管理服务细致入微。例如，根据学生借阅情况、消费情况、宿舍生活轨迹、社交分析等全面认识了解学生；根据学生行为动态，跟踪学习轨迹，把握学科知识理解程度，预测成绩排名趋势；根据学生在校消费水平、生活困难指数，通过数据分析洞悉真实贫困状况，找出隐性困难学生，提升贫困关怀。这些事情看似是小事，却关乎学生教学事务管理质量。

（二）人工智能在教学管理中的典型应用

1. 智能化教学管理系统

科大讯飞作为教育技术服务的引领企业，借助人工智能、大数据、云计算等技术，在教学、考试、管理等教育环节全面布局。在教学管理方面，基于教学管理数据、教学行为数据，利用业务建模、数据可视化等技术，为教学管理决策提供数据支持，并提供模拟和模型预测等功能。

首先采集学校区域的教学、学习、考试、管理等数据；其次对数据进行存储、清洗、计算，生成用户画像，进行相关业务建模；再次利用数据可视化等技术对数据进行集成显示；最后根据数据分析系统提供的监控、预测和模拟等功能，辅助管理者进行教学管理。

2. 仿真决策

教育教学本身是复杂的，仅仅依靠经验很难平衡处理各种主体间相互作用的复杂关系。人工智能、大数据的发展使得人们可以建立对现实社会、现实教学系统的仿真模拟，模拟各种教学参数的演变，将关键参数从极小值变化到极大值，在这个过程中观察教学系统演变的结果，从而找出各方价值最大化的值，帮助做出科学决策。再与管理者的经验和知识相结合，教学决策将更加科学化和人性化。

3. 智能安保

安全管理是学校管理的重要环节。确保校园安全的前提是能够实时掌握学校动态、提前发现安全隐患，防患于未然。高效的人脸监控和比对系统将在非法人员识别、车辆智能化管理、活动事故预防等方面发挥重要作用。例如，南昌大学全方位加强校园安保基础建设，实现了校园可视化综合管理，有效保障了校园安全。

（1）陌生人识别

采用高效的人脸监控和比对系统，可以自动采集进入学校人员的面部信息，识别当前人员的真实身份。同时，保卫部门可以将小偷等嫌疑人的照片导入嫌疑人库，建立黑名单，当该嫌疑人再次出现时，便会立即触发实时报警，监控中心人员通过就近调取视频，实施抓捕。

（2）车辆智能化管理

通过在校园主干道上部署视频监控和测速装置，实时记录过往车辆信息，对有超速行为的车辆进行警告，保证校园车辆行驶的规范性。

（3）活动事故防范

当前，校园活动的伤害事故主要发生在追逐打闹、拥挤踩踏等方面。通过智能摄像机实时监控，由人工智能系统进行分析，判断是否有危险的事情发生，实现对危险区域范围的智能告警，并及时通报学校安防人员采取相关措施，将传统的事后发生处置机制提前到了事前预防。

第二节　人工智能技术在计算机网络教育中的应用

一、智能计算机辅助教学系统

（一）人工智能多媒体系统

I.知识库

智能多媒体不再是教师用来将纸质定量教学资源进行电子化转换的工具，它应该拥有自己的知识库，知识库总的教学内容是根据教师和学生的具体情况进行有选择的设计的。另外，知识库应该要做到资源的共享，并且要时时更新，这样才能实现知识库的功能。

2.学生板块

智能化教学的一个特征是要及时掌握学生的动态信息，根据学生的不同发展情况进行智能判定，从而进行个别性指导以及建议，使教学更加具有针对性。

3.教学和教学控制板块

这个板块的设计主要是为了教学的整体性考虑的，它关注的是教学方法的问题。具备领域知识、教学策略和人机对话方面的知识是前提，根据之前的学生模型来分析学生的特点和其学习状况，通过智能系统的各种手段对知识和针对性教育措施进行有效搜索。

4.用户接口模块

这是目前智能系统依然不能避免的一个板块，整个智能系统依然要靠人机交流完成程序的操作，在这里用户依靠用户接口将教学内容传送到机器上完成教学。

（二）人工智能多媒体教学的发展

1.不断与网络结合

网络飞速发展，智能多媒体也与网络不断紧密结合，并向多维度的网络空间发展。网络具有海量知识、信息更新速度快等优点，与网络的结合是智能化教学的发展方向。

2.智能代理技术的应用

教学是不断朝学生与机器指导的学习模式发展，教师的部分指导被机器所逐渐取代，如智能导航系统等。

3.不断开发新的系统软件

系统软件的特征是更新速度快，旧的系统满足不了不断发展的网络要求，不断开发新的软件才能更好地帮助学生解决问题，从而有利于学生的学习和教师的教学。教学智能化是教学现代化的发展主流，智能化教学系统要充分运用自身的智能功能，从师生双方发挥应有的高性能特点，着重表现高科技手段的巨大作用，进一步推动智能化教学系统的发展。

二、计算机辅助教学的现状

计算机技术应用于教学称为计算机辅助教学（CAI）。CAI相对传统教学来说是教学方式上的重大变革，但是随着教学的不断发展，传统的计算机多媒体教学模式也逐渐落后于时代发展的要求，其不足性主要体现在以下四方面。

（一）交互能力差

现有的计算机辅助教学模式比较单调枯燥，在实际的教学活动中，计算机的应用主要是作为新颖的教材或科技黑板，教师大多会采用已经刻制好的光盘，将教材内容通过电脑屏幕显示出来，课程流程也是刻板的，计算机此时的作用仅仅是一个电子黑板。所以，在实际的课堂上，教师也只是按预定流程操作，学生的听课模式依然停留在传统的听课模式上。无论教师还是学生，都没有和计算机实现很好的互动。

（二）缺乏智能性

在教学中，由于学生的学习程度和掌握知识的程度各有不同，学生学习的主动性也因人而异，因而需要计算机辅助教学的智能性来自动提供学生学习的信息，让他们有选择性地学习。教师的教学只有积极地参与到学习中去才能取得更好的教学效果，通过计算机提供智能服务、因材施教才能最大限度地搞好教学。基于教学的效果，十分有必要去提高多媒体教学的智能性。

（三）缺乏广泛性特征

这是计算机辅助教学的最初固有缺陷，在设计之初它就是基于某一领域知识的整体设计，通过对教学内容、问题答案的设计等，来呈现原设计系统允许范围之内的知识内容，这无法根据学生和教师的实际情况来安排适合不同学生的教学内容，无法根据学生的认知特点以及最优学习效果来指导学生。

（四）缺乏开放性

开放性不足是目前多媒体教学中的严重问题。固定内容的教学方式适应范围较为狭窄；课堂的计划与安排僵化，缺乏自主能动性；由于教学资源固定、无法更新的特点使得教学内容无法变化，不能针对学生特点选择内容；教学资源的交流落后，无法与外界进行有效的交流，从而阻碍了教学质量的提高。

三、人工智能技术在计算机网络教学中的应用

（一）智能决策支持系统

智能决策支持系统是 DSS 与 AI 相结合的产物。IDSS 系统的德尔基本构件由数据库、

模型库、方法库、人及接口等构成，它可以根据人们的需求为人们提供需要的信息与数据，还可以建立或者修改决策系统，并在科学合理的比较基础上进行判断，为决策者提供正确的决策依据。

（二）智能化教学专家系统

智能化教学专家系统是人工智能技术在计算机网络教学中的应用拓展。它的实现主要是利用计算机对专家教授的教学思维进行模拟，这种模拟具有准确性与高效性，可以实现因材施教，达到教学效果的最佳化，真正实现教学的个性化。同时，还在一定程度上减少了教学的经费支出，节约了教学实施所需要的成本。因此，在计算机网络教学中应当充分利用智能化教学专家系统带来的优势，降低教育成本，提高教育质量。

（三）智能导学系统的应用

智能导学系统是在人工智能技术的支持下出现的一种拓展技术，它维持了优良的教学环境，可以保障学生对各种资源进行调用，保障学习的高效率，减轻学生沉重的学习负担。它还具有一定的前瞻性和针对性，能够对学生的问题以及练习进行科学合理的规划，并且可以帮助学生巩固知识，督促学生不断提高。

（四）智能仿真技术

智能仿真技术具有灵活性，应用界面十分友好，能够替代仿真专家进行实验设计和设计教学课件，这样能够大大降低教学成本，也可以节省课程开发以及课件设计的时间，缩短课程开发所需要的时间。在未来的计算机网络教学中应当大力发展智能仿真技术，充分利用智能仿真技术带来的机遇，也要对信息进行强有力的辨识，避免虚假信息带来的干扰。

（五）智能硬件网络

智能硬件网络的智能化主要表现在两方面，首先是操作的智能化，主要包括对网络的系统运行的智能化，以及维护和管理的智能化。其次是服务的智能化，服务的智能化主要体现在网络对用户提供多样化的信息处理上。因此，将智能硬件技术应用在计算机网络教学中是提高教学效率的必要选择。

（六）智能网络组卷系统

智能组卷系统的最大优点就是成本低、效率高、保密性强。因此，它可以根据给的组卷进行试题的生成，对学生进行学分管理，突破了传统的考试模式，节省了教师评卷的时间，是提高学生学习主动性以及积极性的有效措施。

（七）智能信息检索系统

智能信息检索系统主要是帮助学生查找所需要的数据资源，它的智能化系统能够根据使用者平时的搜索记录确定学生的兴趣，并且根据学生的兴趣主动在网络上进行数据收集。搜索引擎是导航系统的重要组成部分，具有极大的主动性，并且可以根据用户的差异性提出不同的导航建议，是使用户准确地获取信息资源的强大保障。从客观层面上来看，将智能信息检索系统应用到计算机网络教学中也是打造智能引擎、提高搜索效率的必要措施。

人工智能技术在计算机网络教学中的应用至今仍然不成熟，存在很多问题，为了适应时代的发展需要，科学有效地将人工智能技术应用到计算机网络教学中，必须进行不断的探索与创新，切实满足学生的需要，还要科学合理地把先进的科学技术与计算机网络教学结合起来，真正实现计算机网络教学的个性化与高效化，为提高教学效率、促进教学形式的多样化做出贡献。

第三节　人工智能时代的计算机程序设计教学

人工智能正在全面进入人类生产和生活的方方面面，成为继互联网之后第四次工业革命的推动力量。人类正在进入人工智能时代，人工智能正在成为这个时代的基础设施。人脸识别、自动驾驶、聊天机器人、工业和家居机器人、股票推荐，人工智能的产业应用正在遍地开花。显而易见，无论对计算机专业还是其他专业的大学生，了解人工智能，甚至学习开发人工智能应用都是有必要的。那么，人工智能时代的内涵是什么？有哪些人工智能编程语言？在程序设计教学上应该做哪些调整？

一、人工智能时代的计算机程序设计背景

人工智能（AI）是研究、开发用于模拟、延伸和扩展人的智能的理论、方法、技术及应用系统的一门新的技术科学。人工智能是计算机科学的一个分支，该领域的研究包括机器人、语音识别、图像识别、自然语言处理和专家系统等。当前人工智能的快速发展主要依赖两大要素：机器学习与大数据。也就是说，在大数据上开展机器学习是实现人工智能的主要方法。而计算机程序设计可视为算法＋数据结构。通过简单地将机器学

习映射到算法、将大数据映射到数据结构，我们可以理解人工智能与计算机程序设计之间存在一定程度上的对应关系。人工智能离不开计算机程序设计，要弄清人工智能时代对计算机程序设计的新需求，需要首先对机器学习和大数据有一定的认识。

机器学习（Machine Learning，简称 ML）是一门研究计算机怎样模拟或实现人类的学习行为以获取新的知识或技能的多领域交叉学科，涉及概率论、统计学、逼近论、凸分析、算法复杂度理论等多门学科。机器学习是人工智能的核心，包括很多方法，如线性模型、决策树、神经网络、支持向量机、贝叶斯分类器、集成学习、聚类、度量学习、稀疏学习、概率图模型和强化学习等。其中，大部分方法都属于数据驱动，都是通过学习获得数据不同抽象层次的表达，以利于更好地理解和分析数据、挖掘数据隐藏的结构和关系。深度学习是机器学习的一个分支，由神经网络发展而来，一般特指学习高层数的网络结构。深度学习也包括各种不同的模型，如深度信念网络（Deep Belief Network，简称 DBN）、自编码器（AutoEncoder）、卷积神经网络（Convolutional Neural Network，简称 CNN）、循环神经网络（Recurrent Neural Network，简称 RNN）等。深度学习是目前主流的机器学习方法，在图像分类与识别、语音识别等领域都比其他方法表现优异。

作为机器学习的原料，大数据的"大"通常体现在三方面，即数据量（Volume）、数据到达的速度（Velocity）和数据类别（Variety）。数据量大既可以体现为数据的维度高，也可以体现为数据的个数多。对于数据高速到达的情况，需要对应的算法或系统能够有效处理。而多源的、非结构化、多模态等不同类别特点也给大数据的处理方法带来了挑战。可见，大数据不同于海量数据。在大数据上开展机器学习，可以挖掘出隐藏的有价值的数据关联关系。

对于机器学习中涉及的大量具有一定通用性的算法，需要机器学习专业人士将其封装为软件包，以供各应用领域的研发人员直接调用或在其基础上进行扩展。大数据之上的机器学习意味着很大的计算量。以深度学习为例，需要训练的深度神经网络其层次可以达到上千层，节点间的联结权值可以达到上亿个。为了提高训练和测试的效率，使机器学习能够应用于实际场景中，高性能、并行、分布式计算系统是必然的选择。

二、人工智能时代的计算机程序设计语言

人工智能时代的编程自然以人工智能研究和开发人工智能应用为主要目的。很多编程语言都可以用于人工智能开发，很难说人工智能必须用哪一种语言来开发，但并不是每种编程语言都能够为开发人员节省时间及精力。Python 由于简单易用，是人工智能领域中使用最广泛的编程语言之一，它可以无缝地与数据结构和其他常用的 AI 算法一起使用。Python 之所以适合 AI 项目，其实也是基于 Python 的很多有用的库都可以在 AI 中使用。一位 Python 程序员给出了学习 Python 的七个理由：① Python 易于学习。作为

脚本语言，Python 语言语法简单、接近自然语言，因此可读性好，尤其适合作为计算机程序设计的入门语言。② Python 能够用于快速 Web 应用开发。③ Python 驱动创业公司成功。支持从创意到实现的快速迭代。④ Python 程序员可获得高薪。高薪反映了市场需求。⑤ Python 助力网络安全。Python 支持快速实验。⑥ Python 是 AI 和机器学习的未来。Python 提供了数值计算引擎（如 NumPy 和 SciPy）和机器学习功能库（如 scikit-learn、Keras 和 TensorFlow），可以很方便地支持机器学习和数据分析。⑦不做只会一招半式的"码农"，多会一门语言，机会更多。

Java 也是 AI 项目的一个很好的选择。它是一种面向对象的编程语言，专注于提供 AI 项目上所需的所有高级功能，它是可移植的，并且提供了内置的垃圾回收。另外，Java 社区可以帮助开发人员随时随地查询和解决遇到的问题。

LISP 因其出色的原型设计能力和对符号表达式的支持在 AI 领域占据一席之地。LISP 是专为人工智能符号处理设计的语言，也是第一个声明式系内的函数式程序设计语言。

Prolog 与 LISP 在可用性方面旗鼓相当，Prolog 是一种逻辑编程语言，主要是对一些基本机制进行编程，对于 AI 编程十分有效，如它提供模式匹配、自动回溯和基于树的数据结构化机制。结合这些机制可以为 AI 项目提供一个灵活的框架。

C++ 是速度最快的面向对象编程语言，这对于 AI 项目是非常有用的，如搜索引擎可以广泛使用 C++。

其实为 AI 项目选择编程语言，很大程度上都取决于 AI 子领域。在这些编程语言中，Python 因为适用于大多数 AI 子领域，所以逐渐成为 AI 编程语言的首选。LISP 和 Prolog 因其独特的功能，在部分 AI 项目中卓有成效，地位暂时难以撼动。而 Java 和 C++ 的自身优势也将在 AI 项目中继续保持。

三、人工智能时代的计算机程序设计教学

人工智能时代的计算机程序设计教学在高校应该如何开展呢？下面给出一些初步的思考，供大家讨论并批评指正。

（一）入门语言

入门语言应该容易学习，可以轻松上手，既能传递计算机程序设计的基本思想，也能培养学生对编程的兴趣。C 语言是传统的计算机编程入门语言，但学生学得并不轻松，不少同学学完 C 语言既不会运用，也没有兴趣，有的非计算机专业的学生甚至因为 C 语言对计算机编程产生畏惧心理。因此，宜将 Python 作为入门语言，让同学们轻松入门并快速进入应用开发。有了 Python 这个基础，再学习面向对象程序设计语言 C++ 或 Java，就可以触类旁通。

（二）数据结构与算法

计算机程序设计＝数据结构＋算法。因此，在学习编程语言的同时或之后，宜选用与入门语言对应的教材。比如，入门语言选 Python 的话，数据结构与算法的教材最好也是 Python 描述。

（三）编程环境

首先，编程环境要尽量友好，简单易用，所见即所得，无须进行大量烦琐的环境配置工作。对于学生而言，像 Java 那样需要做大量环境配置不是一件容易的事。其次，编程环境要集成度高，一个环境下可以完成整个编程周期的所有工作。再次，编程环境要能够提供跨平台和多编程语言支持。最后，编程环境应提供大量常用的开发包支持。Anaconda 就是这样的一个编程环境，它拥有超过 450 万用户和超过 1000 个数据科学的软件开发包。Anaconda 以 Python 为核心，提供了 Jupyter Notebook 这样功能强大的交互式文档工具，代码及其运行结果、文本注释、公式、绘图都可以包含在一个文档里，而且还可以随时擦写更新。GitHub 上有很多有趣的开源 Jupyter Notebook 项目示例，可供大家学习 Python 时参考。

（四）案例教学

传统的计算机程序设计教材和课堂教学过多偏重介绍编程语言的语法，既使课堂陷入枯燥，又让学生找不到感觉。因此，提倡案例教学，即教师在课堂上尽可能结合实际项目来开展教学。教学案例既可以是来自教师自己的研发项目，也可以是来自网络的开源项目。案例教学的好处在于，学生容易理论联系实际，缩短课本与实际研发的距离。

（五）大作业

实验上机除了常规的基本知识的操作练习外，还应安排至少一个大作业。大作业可以是小组（如三名同学）共同完成。这样不但可以锻炼学生学以致用的能力、提升学生学习的成就感，还可以让学生的团队精神和管理能力得到提高，可谓一举多得。大作业的任务应该尽可能来自各领域的实际问题和需求，如果能拿到实际数据更好。

综上，人工智能时代的新需求要求我们探索计算机程序设计新的教学内容和教学形式。唯有与时俱进、不断创新，才能使高校的计算机程序设计教学达到更好的教学效果，才能培养出适应各行各业新需求的研发人才。

第四节　人工智能技术在计算机网络教学中的运用

所谓人工智能，就是利用人工方法在计算机上实现智能，也可以说是人工智能在计算机上的一种模拟。人工智能广泛融合了神经学、语言学、信息论和通信科学等众多学科和领域。目前主要存在三条人工智能研究途径：一是以生物学理论为支撑，掌握人类智能的本质规律；二是以计算机科学为支撑，通过人工神经网络进行智能模拟，实现人机互动；三是以生物学理论为支撑。

一、人工智能技术的特征

智能技术主要分为两类，即人类和计算机智能，两者存在相辅相成的关系。利用人工智能技术能够实现人类智能向机器智能的转化，相反，机器智能也能够利用智能化教学转化为人类智能。

（一）人工智能的技术特征

首先，人工智能具备非常强的搜索功能。该功能是利用相关搜索技术实现对海量信息的快速检索，满足个性化信息需求。其次，人工智能具备很强的知识表示能力。具体来讲，就是人工智能对信息的行为，能够像人类智能一样，对模糊的信息加以表示。最后，人工智能具有较强的语音识别和抽象功能。前者主要是为了对模糊信息加以处理，后者主要是为了对信息重要度加以区分，以便提高信息处理效率。用户只需要智能机器提出具体要求便可，至于复杂的解决方案就交给智能程序了。

（二）智能多媒体技术

首先，人机对话更加灵活。传统多媒体在人机对话方面极为欠缺，导致教学单调乏味，不能取得预期的良好效果，但智能多媒体却不然，它能够实现人机自由对话和互动，还能结合学生实际对学生的问题给出不同层次的答案。其次，教学可行性更强。由于学生在认知能力和个人素养方面都存在差异，而且学习主动性也不尽相同，人工智能必须结合学生实际学习状况，为每一位学生设计制定个性化的学习计划和学习目标，对学生进行针对性较强的教学，真正实现因材施教。再次，具有强大的创造性和纠错性。

前者属于人工智能的显著特征，而后者属于人工智能的重要表现方面。最后，智能多媒体具有教师特征。在实际教学过程中，智能多媒体可以对教学双方的行为进行智能评价，以便能够及时发现教学中的薄弱点，有助于实现教学相长，全面提高教学质量和教学效果。

二、计算机网络教育的现状

随着现代科学的进步，网络信息的发达，人们的教学观念和学习观念都发生了前所未有的改变，网络时代正全面到来。为了满足现代社会对人才的实际需求，培养大量现代化优秀人才，计算机网络教学模式业已成形并不断完善。目前，高校正规教学模式依然是现代教学主流，尽管在系统传授知识和规范培养人才方面具有无可比拟的优势，但在资金投入、效益创收和时空限制等方面具有很大的弊端，灵活性不足，无法有效满足现代教育的发展要求。

计算机网络教学对传统教学形成了巨大挑战，并产生了深远影响。它不仅有效弥补了传统教学的时空限制缺陷，而且赋予教学极大的乐趣，吸引了越来越多的人积极投身到网络教学建设中去，任何人无论何时何地都能够通过网络课堂去学习和提高。但目前计算机网络教学发展仍处于探索期，在实际运用方面还存在许多问题：第一，计算机网络教学中的学习支持服务体系尚不健全，导学手段和答疑方法还非常落后，出于各种原因，在服务方式上缺乏针对性、策略性和积极性；第二，计算机网络实验教学中存在空间分散、时间流动和自主性差等问题和弊端；第三，计算机网络的系统承载能力和信息查询能力还十分有限；第四，如何实现计算机网络考试的开放性，确保考试的客观性、公正性、权威性，已经成为网络教学发展的瓶颈；第五，计算机网络教学中的核心支撑系统——CAI，还无法有效满足和适应网络教学的实际需求和发展要求。

主流 CAI 课件主要有两种：一种是单机版的初级课件，包括简单的 Authorware 课件、PPT 幻灯片和图文网页等。一种是高级的网络版课件。该类课件以静态图文和动态演示组成的网页为主，以聊天室、电子邮件和 QQ 群等形式为辅，是实现师生互动、网络答疑的一种改进型课件。初级课件在实际教学中以操作容易、更新及时和维护方便著称，但实际上就是传统教学手段的变相挪用。还有些课件，尽管在互动性方面有着不错的效果，但是制作烦琐、更新较慢和维护复杂。因此，高级网络课件是目前网络教学中的主流课件，已经成了计算机网络课件的固定模板。改进型的网络课件有效地解决了传统多媒体在师生互动上不足的问题。上述两类课件是现在最为常见的 CAI 课件，尽管两者都有各自的优势，但作为网络教学的重要手段，仍存在许多问题和弊端：无法实现因材施教，无法开展层次教学；作为教学的一大主体，学生在个性化交互操作方面仍有很大不足；对学习过程中出现的普遍问题无法进行智能统计、分析和评价等。

三、人工智能技术在计算机网络教学中的运用

（一）加强与网络的结合

随着网络技术的成熟，智能网络教学与网络之间的关系日益紧密，多元化、多维度网络空间日益成为一种趋势。互联网具有信息量大、更新速度快、超时空性等优势，加强与网络的结合是人工智能计算机网络教学未来发展的重要方向。

（二）加强智能代理的应用

人机对话、机器指导的教学模式将成为未来网络教学的核心模式，传统教师的角色将逐渐被计算机取代，最为典型的就是现代智能导航系统。

（三）加强系统软件的研发

系统软件的更新日新月异，旧的系统软件已经无法有效满足网络发展的时代要求，加强系统软件的研发可以充分满足网络要求，更好地帮助学生解决实际问题，进而提高学习效率和教学质量。

人工智能技术在计算机网络教学中的运用将为现代化教育提供新的发展思路，将全面改善网络教学环境，拓展学习服务渠道，提高计算机网络教学质量，并有可能彻底打破计算机网络教育的时空限制，全面加强网络教学的开放性，实现网络学习的个性化、人性化和智能化，充分落实以学生为本的教学理念。未来 CAI 技术的进一步成熟将全面提高网络教学的整体格局，我们有理由相信，智能网络教学将迎来全新的发展春天。

参考文献

[1] 王静逸 . 分布式人工智能 [M]. 北京：机械工业出版社，2020.

[2] 杨杰 . 人工智能基础 [M]. 北京：机械工业出版社，2020.

[3] 李清娟 . 人工智能与产业变革 [M]. 上海：上海财经大学出版社，2020.

[4] 周苏，张泳 . 人工智能导论 [M]. 北京：机械工业出版社，2020.

[5] 余萍 . 人工智能导论实验 [M]. 北京：中国铁道出版社，2020.

[6] 高崇 . 人工智能社会学 [M]. 北京：北京邮电大学出版社，2020.

[7] 刘刚，张呆峰，周庆国 . 人工智能导论 [M]. 北京：北京邮电大学出版社，2020.

[8] 孙锋申，丁元刚，曾际 . 人工智能与计算机教学研究 [M]. 长春：吉林人民出版社，2020.

[9] 鹿晓丹，蒋彪 . 从物联网到人工智能 [M]. 杭州：浙江大学出版社，2020.

[10] 刘红英，马占彪，胡燕 . 计算机教学中学生创新能力的培养 [M]. 长春：吉林人民出版社，2020.

[11] 焦李成，刘若辰，慕彩红 . 人工智能前沿技术丛书 - 简明人工智能 [M]. 西安：西安电子科技大学出版社，2019.

[12] 杨忠明 . 人工智能应用导论 [M]. 西安：西安电子科技大学出版社，2019.

[13] 邓开发 . 人工智能与艺术设计 [M]. 上海：华东理工大学出版社，2019.

[14] 徐洁磐 . 人工智能导论 [M]. 北京：中国铁道出版社，2019.

[15] 王蓉 . 工业设计与人工智能 [M]. 长春：吉林美术出版社，2019.

[16] 黄尚科 . 人工智能与数据挖掘的原理及应用 [M]. 延吉：延边大学出版社，2019.

[17] 刘经纬，朱敏玲，杨蕾 ."互联网 +"人工智能技术实现 [M]. 北京：首都经济贸易大学出版社，2019.

[18] 张向荣，冯婕，刘芳 . 人工智能前沿技术丛书 - 模式识别 [M]. 西安：西安电子科技大学出版社，2019.

[19] 程凤伟，任晶晶 . 人工智能实现技术及发展研究 [M]. 中国原子能出版社，2019.

[20] 李华凤 . 计算机教学与实践研究 [M]. 延吉：延边大学出版社，2019.

[21] 纪萃萃 . 云计算与计算机教学研究 [M]. 长春：吉林教育出版社，2019.

[22] 王喜宾 . 云计算与计算机教学研究 [M]. 西安：西北工业大学出版社，2019.

[23] 徐大海 . 计算机教学模式与策略探究 [M]. 延吉：延边大学出版社，2019.

[24] 佘玉梅，段鹏 . 人工智能原理及应用 [M]. 上海：上海交通大学出版社，2018.

[25] 王永庆 . 人工智能原理与方法（修订版）[M]. 西安：西安交通大学出版社，2018.

[26] 潘晓霞 . 虚拟现实与人工智能技术的综合应用 [M]. 北京：中国原子能出版社，2018.

[27] 张鸿 . 基于人工智能的多媒体数据挖掘和应用实例 [M]. 武汉：武汉大学出版社，2018.

[28] 韩利华，苏燕，阮莹 . 高校计算机教学模式构建与改革创新 [M]. 长春：吉林大学出版社，2018.

[29] 申晓改 . 计算思维与计算机基础教学研究 [M]. 成都：电子科技大学出版社，2018.

[30] 傅波 . 计算机专业教学改革研究 [M]. 成都：西南交通大学出版社，2018.

[31] 张复初，谭晓伟，梁冰霜 . 计算机教学模式研究 [M]. 咸阳：西北农林科技大学出版社，2018.

[32] 拜亚萌，童设坤，周军 . 云计算技术与计算机教学研究 [M]. 长春：吉林出版集团股份有限公司，2018.